마늘재배

GARLIC

국립원예특작과학원 著

Contents

제Ⅰ장 마늘의 내력 및 생산 현황

1. 마늘의 내력과 효능 ··· 009
2. 마늘산업의 현황 ··· 016
3. 마늘산업의 문제점 및 해결과제 ·· 031
4. 표준 출하규격 ·· 035

제Ⅱ장 마늘 안전 재배기술

1. 특성 및 재배환경 ··· 041
2. 품종 및 재배작형 ··· 051
3. 재배관리 ·· 060

제Ⅲ장 수확과 저장 기술

1. 수확 ·· 083
2. 저장 ·· 085

제Ⅳ장 주아재배기술(한지형 마늘)

1. 주아의 특성 ··· 093
2. 주아재배의 효과 ·· 095
3. 주아 이용 우량종구 생산체계 ·· 098
4. 주아재배기술 ··· 099

제Ⅴ장 마늘 조직배양

1. 마늘 조직배양 ·· 117
2. 외국의 마늘 무병주 생산 현황 ·· 123

제Ⅵ장 병해충 및 생리장해의 진단과 방제

1. 주요 병의 진단과 방제 ·· 129
2. 주요 해충과 방제 ··· 142
3. 저장 중 발생하는 병해 ·· 146
4. 마늘의 생리장해 발생 원인과 대책 ··· 152

제Ⅰ장
마늘의 내력 및 생산 현황

1. 마늘의 내력과 효능
2. 마늘산업의 현황
3. 마늘산업의 문제점 및 해결과제
4. 표준 출하규격

01 마늘의 **내력과 효능**

Growing Garlic

가 마늘의 내력

　마늘은 백합과(百合科) 파속에 속하는 인경채소로서 학명은 *Allium sativum* L. 이며, 영명(英名)은 Garlic, 한명(漢名)은 대산(大蒜) 또는 호(葫)라 한다. 마늘의 원산지는 중앙아시아로 추측되며 우리나라에도 산마늘이 있었다. 오늘날에 보는 큰 마늘은 기원전 1~2세기경 진(晋)나라의 장화(長華)가 쓴 박물지(博物誌)와 한나라의 장건의 호지(胡地:西域)에서 마늘(蒜) 큰 것을 가져왔다는 기록이 있으며 그래서 호산(胡蒜) 또는 대산(大蒜)이라 불리고 있다.

　마늘에 대한 역사적 기록으로는 기원전 4,000년경 이집트가 거대한 피라미드를 건설하면서 이에 종사한 노동자에게 마늘과 양파, 무 등을 먹이는 데 소요되는 경비기록을 피라미드 벽에 기록으로 남겼으며, 또한 오늘날 고대 이집트의 무덤에서 마늘이 발견되고 있다.

　성경의 민수기(구약) 11장 5절 이하에 애급에서 노예생활을 하다 가나안 땅으로 가던 이스라엘 백성이 40년간 광야에서 방황할 때 애급에서 오이, 마늘, 부추 등을 먹고 살던 것을 생각하며 정력이 쇠해졌다고 원망하는 내용이 기록되어 있다.

　또한 우리나라에는 삼국유사에 곰과 호랑이가 한 동굴 속에 살면서 환웅(桓雄)께 사람으로 환생케 해 달라고 빌었더니 환웅께서 신령스러운 풀인 마늘(蒜)

20통과 쑥 한 자루를 내리면서 "이것을 먹고 100일 동안 햇빛을 보지 않으면 사람이 되리라"고 하였는데 호랑이는 이를 지키지 못했으나, 곰은 그대로 지켜서 21일 만에 웅녀(熊女)가 되었다는 건국 신화에서 알 수 있듯이 마늘은 우리 민족의 역사와 함께한 식품이다.

통일신라시대에는 입추(立秋) 후 해일(亥日)에 마늘밭에 후농제(後農祭)를 지냈다는 기록이 있는데 이 시대에 이미 약용, 식용식물로 우대받았음을 알 수 있다.

고려사 열전조준전(高麗史列傳趙浚傳)에는 "무릇 제사에 참례하는 자는 술을 마시지 않고 훈(葷)을 먹지 아니하기를 4일간이나 하니 이를 산제(散齋)라고 한다"고 나와 있다. 이때부터 오늘날까지 제사에는 마늘, 파 같은 귀신을 쫓는다고 믿었던 양념을 음식에 넣지 않는 풍속이 남게 된 것이다. 고려 때는 고추가 아직 들어오지 않았던 시기였으므로 김치는 채소에 소금과 마늘 또는 소금과 생강만으로 담갔다고 기록되어 있다. 1527년에 최세진(崔世珍)이 편찬한 훈몽자회(訓蒙字會)에서는 산(蒜, 胡蒜)은 마늘, 소산(小蒜)은 달래라 하였고, 1613년에 허준(許浚)이 편찬한 동의보감(東醫寶鑑)에서는 대산(大蒜)은 마늘, 소산(小蒜)은 족지, 야산(野蒜)은 달랑괴라 하였다. 1830년경에 유희(柳僖)가 편찬한 물명고(物名考)에는 소산(小蒜)은 마늘, 산산(山蒜)은 족지로 기록되어 있으며, 1870년경 황필수(黃泌秀)가 엮은 명물기략(名物記略)에서는 대산(大蒜)은 마늘, 소산(小蒜)은 족지라 하였다. 이와 같이 사람에 따라 호칭의 내용이 다르고 국어사전에 족지는 산달래라고 하고 있으나 분명하지 않다. 조선농회보(朝鮮農會報, 1930)에는 재배품종으로 마늘(蒜)과 오랑캐마늘 호호(胡葫)의 기록이 있는데 마늘은 소형종, 오랑캐마늘은 대형종으로 명명하는 것이 좋겠다는 기록이 있다.

이상의 기록에서 추정해 보면 마늘구의 인편 수가 많고 구의 크기가 작은 계통과 인편 수가 적고 구가 큰 계통이 있었음을 보여주고 있는데 대형종인 오랑캐마늘은 외국의 도입종으로 추정된다. 마늘은 1960년에 이르러 생태형에 맞게 지역별로 한지형과 난지형으로 재배되었고 굵은 마늘이 생산되었다. 한지형은 내륙지방에, 난지형은 경남 방어진의 해안지방, 남해안 연안 이남의 도서지방, 옥구군의 해안지대 및 제주도에서 재배되었다.

재래마늘 중 한지형 재배지대 주산지는 삼척, 단양, 서산, 영덕, 의성, 함양,

울릉도로 완전추대 계통과 불완전추대 계통이 있었다. 난지형 재배지대의 주산지로는 고흥(고흥백마늘, 고흥적마늘), 완도, 목포, 제주, 남해(남해백마늘) 등이 있다. 난지형은 특색 있는 재래종으로 품질이 우수했고 매운맛이 강했다. 그리고 완전 추대성으로 화경이 길게 신장하는 것이 대부분이었다.

1970년 중반기 이후 여러 차례 마늘 흉작으로 마늘파동을 겪는 동안 외국 품종이 도입되어 재래종의 재배가 위축되어 왔다. 특히 난지형 마늘의 재배지대와 남중부의 일부지방에서는 대부분 도입 마늘을 재배하고 있다. 남도마늘(上海早生, 嘉定白)이 제주도와 남해안 연안지대 및 남부내륙지대까지 석권하고 있는 실정이며, 대서마늘은 중부 이남의 일부지방에서 재배되고 있다.

〈그림 1〉 난지형 마늘 재배지역의 연대별 이동

이들 마늘은 수량성은 높으나 저장성이 낮고 마늘의 품질 면에서 재래종에 비해 떨어지므로 재래종의 유지·보존과 더 나아가 개량이 시급하다 하겠다. 난지형 마늘의 재배지대가 1970년 이전까지는 동해안에서는 경남 방어진의 해안지대 이남, 서해안에서는 전북 옥구군의 해안지대 이남, 남해안 연안 이남의 도서지방 그리고 제주도에서만 재배되었으나 난동(暖冬)과 재배기술의 향상으로 1980년대 이래 중남부의 내륙지방까지 난지형 마늘이 북상하여 재배되고 있다(그림 1).

최근 들어 충남 서해안지역을 중심으로 수량이 많고, 조기 수확하는 난지형 마늘의 재배가 계속 늘어나고 있다. 내륙지방에서 난지형 마늘의 재배는 추위가 계속되는 해는 월동률이 떨어져 수량이 크게 감소되므로 그 지방의 기후조건에 적응하는 마늘을 재배하는 것이 안전하다. 현재 각 지방에서 재배하는 재래종 마늘은 수십 년 동안 그 지방에서 적응되고 살아남은 마늘이므로 그 지역 환경조건에 잘 맞도록 진화되어 왔고, 그것을 생태형(난지형, 한지형) 품종이라 부르고 있다. 재래종은 그 지방 토종으로 선조가 우리에게 물려준 자산이며, 또한 앞으로 후손에게 물려줄 유산이다. 외국에서 도입된 마늘이 국내에서 재배되고 있지만 이것도 먼 훗날에는 우리 풍토에 맞는 마늘로 변화되거나 도태될 것이다.

나 마늘의 효능 · 매력

마늘은 우리나라에서 재배역사가 오래되었으며 식생활에서 중요한 조미채소로 국민 1인당 1년에 약 7~9kg의 마늘을 소비하고 있다. 마늘은 식품으로서의 가치뿐만 아니라 약리적 효능이 있으므로, 오늘날 현대인의 가장 큰 관심인 건강에도 크게 기여하고 있다. 과거에는 단군신화뿐만 아니라 고대 이집트의 피라미드 건설과 로마시대에도 식용했다는 기록이 있다. 또한 할머니가 배앓이를 하는 손자에게 구운 마늘을 먹게 한 민간요법도 전해져 오고 있다. 오늘날 마늘은 조미채소로 이용되는 것 외에도 마늘정 아로나민, 항생제 등으로 이용되고 있다.

마늘은 뛰어난 살균·항균작용을 하는데 이는 마늘의 독특한 향을 내는 성분인 알리인 때문이며, 이는 우리 몸속의 단백질과 결합해 알리신이 된다. 이 알리신에는 페니실린보다 더 강력한 살균력과 항균력이 있어 알리신을 12만 배로 묽게 해도 결핵균이나 디프테리아균, 이질균, 티푸스균 등에 대해 항균작용을 한다. 따라서 마늘은 감기나 식중독, 피부병 등 각종 세균성 질병에 효과가 있으며, 고기 등을 보관할 때에도 살균작용을 한다. 마늘의 알리신은 비타민 B_1과 결합해 알리티아민이 된다.

　우리 몸에 필요한 비타민 B_1의 양은 1일 5~6mg으로 많은 양을 섭취해도 흡수되지 못하고 몸 밖으로 배출된다. 하지만 활성 비타민 B_1인 알리티아민이 되면 체내에서 분해되지 않고 저장되어 흡수력이 높아지므로 신진대사를 원활하게 하고 체력을 증진시키는 등 뛰어난 강장 작용을 한다. 또한 마늘에 들어 있는 스코르디닌이라는 성분도 강장과 근육강화에 효과가 있는 것으로 알려져 있다.

　마늘은 세계가 인정하는 10대 항암식품 가운데 하나로 매년 세계 각국에서 마늘의 항암효과에 대한 결과가 발표되고 있다. 러시아의 과학자들은 마늘 추출물을 사람의 종양에 사용해서 성공을 거두었으며, 수많은 동물실험을 통해 생마늘이 암의 진행을 억제한다는 사실을 밝혀냈다. 일본 과학자들의 연구에서는 생마늘이 쥐의 유방암을 완전히 억제하였는데, 이는 마늘에 있는 알리신의 작용이라고 추정하고 있다. 마늘을 먹으면 암에 잘 걸리지 않는다는 증거는 중국 산동성 내의 두 지방의 비교에서도 나타난다. 연구에 따르면 마늘을 먹지 않는 지방에 사는 사람들이 위암에 걸릴 확률은 마늘을 잘 먹는 사람보다 12배나 더 높았다고 한다.

　마늘은 혈중 콜레스테롤 농도를 낮추고 혈관 내에서 혈액응고를 방지하는 작용을 하므로 동맥경화증의 진행을 억제하고 심장병에 효과가 있다. 이에 대한 실험으로 가장 관심을 모았던 것은 1990년의 국제마늘학술대회에서 발표되었던 인도 연구팀의 결과였다. 연구팀은 3년 동안 432명의 심장마비 경험자에게 마늘을 복용시킨 결과 마늘이 관상동맥에 일어나는 지방 동맥경화증을 완화시키는 효능이 있음을 발견했다고 보고했다. 또한 캘리포니아 대학의 로나 린다 연구팀의 결과에 의하면 마늘추출물을 하루 1g씩 복용했을 때 유해한 LDL콜레스테롤과 중성지방이 60~70% 줄었다고 한다. 이처럼 마늘이 혈액응고를 방지하는 것은 마늘에 있는 아데노신이라는 물질 때문인 것으로 밝혀졌는데 이 성분은 가장 믿을 만한 항응혈제인 아스피린과 같은 정도의 효과가 있는 것으로 알려져 있다.

　마늘의 주성분인 다이알릴 다이설파이드(diallyl disulfide: DADS) 성분은 항균력과 소화촉진, 동맥경화 예방, 고혈압 및 뇌졸중 예방, 뇌 대사촉진과 항암효과 등을 갖고 있다는 연구결과가 발표되었으며 미국 노스캐롤라이나 대학에서 세계 각국의 10만 명을 대상으로 식습관과 질병관계를 조사한 결과 마늘을 많이 먹는 이탈리아, 중국, 일본 사람이 위암과 결장암의 위험도가 각각 50%, 30% 적다고 보고되었다. 앞으로 마늘에 대한 연구는 계속될 것이며 그에 따라 세계인이 즐겨 찾는 식품 및 의약품으로 점차 영역을 확대해 나갈 것이다.

마늘에 많이 들어 있는 특이한 성분은 단백질과 당분이며 칼로리도 높은 식품이다. 그리고 철과 인이 다량 들어 있으며 다른 채소에 적은 비타민 B_1은 체내에서 마늘에 의해 활성화된다고 한다. 그리고 특이한 맛과 냄새를 내는 성분은 알리인(alliin)이며 이것은 알리신(allicin)으로 변하면서 강력한 살균작용과 함께 여러 가지 생리작용에 관여한다. 이외에 강장 작용을 하는 스코르디닌 등 미지의 물질이 있는 것으로 알려지고 있다. 생선이나 우유를 먹을 때 마늘을 많이 사용하는 것은 마늘에 의해 비린내나 고기 냄새가 없어지고 맛도 좋아지기 때문이다.

이렇듯 마늘에 대해서는 세계적으로 폭발적인 연구가 이루어지고 있는데, 아직까지 확실한 치료효과와 안정성이 보장되는 차세대 항암제는 없지만 수년 내로 획기적인 항암제가 마늘에서 발견될 가능성이 가장 높다고 한다.

마늘재배의 매력은 타 작물에 비해 경영상 비교적 안정적인 것이라고 보는데 그 이유는 첫째, 재배면적이 갑자기 늘어나지 못하기 때문이다. 이것은 마늘의 증식률이 낮고 종구비(씨마늘 값)의 비중이 상당히 높기 때문이다. 둘째, 재배노력이 다른 작물에 비해 적게 들기 때문이다. 재배노력은 대부분 파종과 수확 때 집중되므로 파종과 수확의 기계화만 된다면 대면적의 마늘 농사도 가능하다. 파종기와 수확기는 우리나라 실정에 맞게 개발되고 있는데 수확기는 트랙터 부착용, 경운기 부착용, 관리기 부착용으로 지역마다 개발되어 사용하고 있으며, 파종기는 현재 개발 중에 있다. 셋째, 다른 채소에 비해서 장기간 저장이 가능한 작물이기 때문이다. 마늘을 잘 건조시켜서 냉장 또는 냉동하든가 아니면 휴면을 지속할 수 있도록 저온 건조 저장이나 방사선 처리를 하면 햇마늘이 나오는 시기인 8~12월까지 저장할 수 있다. 또한 마늘은 생명력이 강한 작물이기 때문에 평지의 논과 밭뿐만 아니라 경사지에서도 재배되며 바람이 많은 섬이나 추운 지방에서도 재배 가능하다.

표 1 마늘과 기타 채소의 성분 비교(가식부 100g당)

구분	성분	마늘	파	부추	무
탄수화물	에너지(kcal)	138.0	27.0	19.0	20.0
	수분(g)	60.3	91.6	93.1	92.4
	단백질(g)	8.4	1.1	2.1	2.0
	지질(g)	0.1	0.1	0.1	0.1
	당질(g)	8.7	5.9	2.8	3.0
	섬유(g)	0.9	0.8	0.9	1.1
	회분(g)	1.6	0.5	1.0	1.4
무기질	칼슘(mg)	150.0	47.0	50.0	210.0
	인(mg)	200.0	20.0	32.0	42.0
	철분(mg)	1.0	0.6	0.6	2.5
	나트륨(mg)	6.0	1.0	1.0	39.0
비타민	비타민 B_1(mg)	0.21	0.04	0.06	0.07
	비타민 B_2(mg)	0.11	0.06	0.19	0.13
	니아신(mg)	0.9	0.3	0.6	0.4
	비타민 C(mg)	19.0	14.0	25.0	70.0

02 마늘산업의 **현황**

Growing Garlic

 생산 및 수급현황

(1) 우리나라 마늘재배의 특성

마늘은 우리나라에서 4대 채소(고추, 마늘, 배추, 무) 중의 하나이며 특히 고추와 함께 가장 중요한 양념채소로 식탁에 빼놓을 수 없는 조미료이다. 식용의 경우는 주로 조미료와 향신료로 많이 쓰이며 최근에는 마늘장아찌, 마늘분말, 마늘음료, 마늘빵 등의 가공식품으로 많이 소비되고 마늘기름(Garlic oil)을 이용하여 약품으로도 생산되고 있다. 또한 앞으로 기능성 식품으로서의 수요가 증대될 것으로 기대된다.

우리나라에서 재배되는 마늘은 한지형과 난지형으로 분류되며(표 2), 한지형 품종은 우리나라 재배종으로 중북부지방에서 재배되고, 난지형 품종으로는 대부분 중국에서 도입된 남도마늘과 스페인 도입종인 대서마늘, 인도네시아 도입종인 자봉마늘 등으로 남부지방에서 주로 재배된다. 한지형 마늘은 10월 중하순에 파종하여 이듬해 6월 하순에 수확하며, 인편 수는 6~7쪽 정도로 적다. 반면 난지형 마늘은 8월 하순부터 9월 하순까지 파종이 가능하며, 4월 중순부터 6월 상순까지 수확하여 한지형보다 상대적으로 수확시기가 빠른 편이다.

마늘은 꽃이 피지만 감수분열 시 염색체 대합이상과 상호전좌에 의한 불임으로 종자가 맺히지 않기 때문에 마늘쪽(인편)이나 주아를 통한 영양번식을 한다.

종구의 증식 속도가 한지형 마늘은 4~5배, 난지형 마늘은 10배 정도로 낮기 때문에 씨마늘 갱신에 어려움이 있다. 씨마늘은 직접 생산하거나 구입하여 사용하고 있는데, 2011년도 통계청 발표에 의하면 마늘 경영비 중에서 종구비(씨마늘)의 비중이 35.9%로 높은 비중을 차지하고 있다. 또한 우리나라에서 재배되고 있는 마늘은 대부분 바이러스에 감염되어 있어 수량이 25~46%까지 감소되고 있다.

표 2 주요 품종별 특성

구분	생태형	추대	구중(g/구)	인편 수	파종기	수확기	원산지
서산종	한지형	완전추대	30~35	6~7	10월 중하순	6월 하순	재래종
의성종	"	"	30~35	6~7	"	"	"
단양종	"	"	25~30	6~7	"	"	"
제주종	난지형	"	35~40	9~10	8월 하순	6월 상순	"
해남종	"	"	35~40	9~10	"	"	"
남도마늘	"	"	40~45	9~11	9월 하순	6월 상중순	중국
자봉마늘	극난지형	불완전추대	20~25	10~11	8월 하순	4월 중순	인도
대서마늘	"	"	50~60	12~13	9월 중순	5월 중하순	스페인

미국이나 일본은 조직배양에 의해 바이러스가 제거된 무병종구(virus-free stock) 생산기술의 실용화로 수량이 많고 품질이 우수한 마늘이 생산되고 있다.

우리나라도 무병종구 생산기술은 개발되었으나 농가에 보급할 수 있는 기술체계가 정착되지 못하였고, 종구갱신을 위한 무병종구의 농가 구입 가격이 상대적으로 높아 쉽게 보급되지 못하고 있다.

마늘은 보통 건구를 생산할 목적으로 가을에 심어서 다음 해 5~6월에 수확, 건조, 저장하였다가 가격이 상승하였을 때 수시로 시장에 출하하였으나 소비자의 식생활 변화에 따라 작형도 여러 가지로 분화되었다.

보통재배는 전국에서 논과 밭에 재배하고 있는 일반적인 재배방식이다. 9~10월에 파종하여 5~6월 하순에 수확하며 주로 김장용 마늘로 이용되기 때문에 건조 저장을 잘하여야 한다.

조숙재배는 주로 남부해안 및 도서지방에서 행해진다. 조생종인 남도, 대서, 자봉마늘을 이용하며 8~9월에 파종하여 이듬해 4~5월에 수확한다. 풋마늘재배는 남부해안에서 난지형 마늘을 8~9월에 파종하여 12월부터 4월까지 수확하는 재배형태이다.

마늘의 상품적 특성은 첫째, 양념 채소로 국민 1인당 매일 13.7g을 먹고 있으며, 저온저장고를 이용해서 저장했을 때 부패율과 감모율도 크게 줄어서 연중 상품화율을 80% 이상 올릴 수 있다.

둘째, 조미료와 향신료뿐만 아니라 최근에는 마늘분말, 마늘음료, 마늘빵 등 가공식품으로 많이 소비되고 있다.

셋째, 양념이나 가공품 이외에도 의약품 및 기능성 식품으로서 계속 개발되므로 소비는 계속 증가될 것이다.

(2) 생산 현황

가. 세계의 마늘 생산

마늘은 아시아, 유럽, 북미 등 전 세계에 걸쳐 재배되고 있으며 재배면적과 생산량이 매년 늘어가고 있다. 2002년에서 2010년까지의 마늘생산 추이는 (표 3)에서와 같이 재배면적이 1319만 2,000ha로 17.5% 증가하였고, 생

표 3 마늘 나라별 생산규모

구분	2002년		2010년		
	재배면적(천ha)	생산량(천 톤)	재배면적(천ha)	생산량 규모(천 톤)	점유율(%)
중 국	627.4	9,089	786.1	18,558	82.3
인 도	114.8	500	164.9	833	3.7
한 국	33.1	391	22.4	271	1.2
스 페 인	23.9	195	14.2	136	0.6
미 국	13.3	256	9.2	170	0.7
인도네시아	7.9	46	1.8	12	0.1
기 타	301.9	2,101	320.6	2,576	11.4
계	1,122.3	12,578	1,319.2	22,556	100.0

※ 자료 : FAO 통계

산량은 1257만 8,000톤에서 2255만 6,000톤으로 79.3% 증가하였다.

나라별 재배면적은 2010년도의 경우 중국이 78만 6,100ha로 세계 재배면적의 82.3%를 점유하고, 인도는 16만 4,900ha로 세계 재배면적의 3.7%를 점유하고 있으며, 우리나라는 2만 2,400ha로 세계 재배면적의 1.2%를 점유하고 있다.

2010년 국가별 마늘 재배면적을 2002년과 비교해 보면 중국과 인도 등은 증가하였으나 한국, 스페인, 미국, 인도네시아 등은 감소하였다.

나. 우리나라의 마늘 생산

마늘은 우리 국민 식생활의 필수 양념채소로 재배역사가 오래되고 재배기술이 일반화되어 전국적으로 재배되고 있는 작물이다. 1998년 이후부터 지속적인 종구갱신을 위한 외국산 보급과 재배기술의 발달로 단위당 생산량이 증가하는 추세를 보이고 있다.

2011년 기준으로 우리나라 양념채소 재배면적 11만 1,325ha 중에서 마늘은 2만 4,035ha로 21.6% 정도 재배되고 있으며 양념채소 총 생산량 240만 1,000톤 중 마늘은 29만 5,000톤으로 12.3%를 점유하는 중요한 작목 중의 하나이다. 이를 다시 연도별로 살펴보면 다음과 같다(표 4).

먼저 연도별 마늘 재배면적의 추이는 1998년도 3만 7,337ha에서 2011년도에는 2만 4,035ha 수준으로 감소하였다.

생산량은 1998년도에는 39만 4,000천 톤 정도이나 단위당 생산량 증가에도 불구하고 재배면적이 감소하여 2011년도에는 29만 5,000톤으로 25% 정도 감소하였다. 이와 같이 연도별 재배면적이 감소한 것은 농촌 노동력의 노령화, 주산지의 연작장해, 저가의 중국산 마늘 증가 등이 원인인 것으로 나타났다.

마늘 재배면적 기준으로 주요 주산지는 경남 창녕, 전남 고흥, 전남 신안, 제주 서귀포, 경북 의성, 전남 해남, 경남 남해, 제주 제주, 경북 영천, 충남 태안 순으로 많았다(표 5).

한편 지역별 재배면적을 보면 2011년 총 재배면적 2만 4,035ha 중에서 전남 7,546ha(31.4%), 경남 4,923ha(20.5%), 경북 3,518ha(14.6%), 제주

2,806ha(11.7%)로 78.2%가 4개도에 치중되어 있으며(표 6), 10대 주산지 별로 살펴보면 전남 지역은 고흥, 신안, 해남, 경남은 창녕, 남해, 경북은 의성, 영천, 충남은 태안 등이고, 나머지는 제주지역이다. 특히 전남지방은 고흥, 신안, 해남지역을 중심으로 우리나라 마늘 재배면적 중 2011년 기준으로 22% 정도를 점유하고 있다(표 5).

표 4 연도별 재배면적 및 생산량

연도	재배면적(ha)	10a당 수량(kg)	생산량(M/T)
1998	37,337	1,055	393,903
1999	42,416	1,141	483,778
2000	44,941	1,056	474,388
2001	37,118	1,095	406,385
2002	33,153	1,190	394,482
2003	33,140	1,143	378,846
2004	30,237	1,183	357,824
2005	31,766	1,180	374,980
2006	28,594	1,159	331,379
2007	26,986	1,288	347,546
2008	28,416	1,321	375,463
2009	26,323	1,357	357,278
2010	22,414	1,211	271,560
2011	24,035	1,227	295,001

※ 자료 : 시설채소 재배현황과 채소생산실적. 농식품부

표 5 마늘 주요 주산지 재배면적

(단위 : ha, %)

구분	전국	창녕	고흥	신안	서귀포	의성	해남	남해	제주	영천	태안
2012	28,278	2,409	2,396	2,319	1,845	1,750	1,692	1,341	1,171	1,011	922
	(100)	(9)	(8)	(8)	(7)	(6)	(6)	(5)	(4)	(4)	(3)
2011	24,035	2,066	2,069	1,774	1,589	1,495	1,412	1,356	1,217	919	763
	(100)	(9)	(9)	(7)	(7)	(6)	(6)	(6)	(5)	(4)	(3)

표 6 마늘 주요 시·도별 재배면적

지역	전국	창녕	고흥	신안	서귀포	의성	해남	남해	제주	영천	태안
면적 (ha)	24,035 (100)	666 (2.8)	440 (1.8)	674 (2.8)	2,363 (9.8)	673 (2.8)	7,546 (31.4)	3,518 (14.6)	4,923 (20.5)	2,806 (11.7)	426 (1.8)
생산량 (톤)	295,002 (100)	4,930 (1.7)	3,810 (1.3)	3,962 (1.3)	24,748 (8.4)	5,990 (2.0)	84,197 (28.5)	44,110 (15.0)	73,812 (25.0)	44,614 (15.1)	4,828 (1.6)

* ( )안 단위는 %

　이러한 마늘 생산 지역의 특징 중 하나는 난지형 마늘이 1980년대까지는 전라남·북도와 경남지역에 재배되었으나 1990년 초부터 서해, 해안선을 따라 이동하여 한지형 마늘 재배지역인 태안, 서산지역에 난지형 마늘이 점차 늘어 50~70% 정도 재배되고 있다는 점이다.
　이와 함께 마늘은 각 지역별로 다음과 같은 특성을 나타낸다.
　첫째, 제주산은 구형이 크며 쪽수가 적고 충실한 반면 고유의 매운맛은 육지산보다 덜하고 대부분 잎마늘 또는 풋마늘 형태로 조기에 출하된다.
　둘째, 전남(고흥, 신안, 해남) 및 남해산은 휴면이 짧고 맹아와 발근이 빠르며 구형의 비대가 빠른 조생종이 주로 재배되고 있다. 또한 인편의 겉껍질이 잘 벗겨지고 다인편(8~12쪽)이며 표피의 색은 백색계통으로 구의 짜임새가 약하고 저장성이 낮다. 아울러 산지에 따라 품질의 차이는 있으나 일반적으로 신안, 남해산은 다른 지역의 마늘에 비해 구의 짜임새가 단단하고 저장성이 높으며 고흥, 해남산은 원형으로 인편이 충실한 갈라지는 열구가 많아 장기저장이 어려우며 깐마늘용으로 적당하다.
　셋째, 경북 의성, 충북 단양산은 재배역사가 오래되고 토양이 비옥하여 구가 단단하며, 열구가 적고 겉껍질과 뿌리 부위 및 줄기 부착이 강하다. 일반적으로 구가 균일한 것이 특징적이며, 저장력이 뛰어나 이듬해 햇마늘 출하 시까지 저장하여도 감모와 부패율이 다른 지역의 마늘보다 적고 매운맛 또한 강하다.
　넷째, 충남(서산)산 마늘은 토지의 경토가 깊고 보수력이 좋은 황토흙에서 오래전부터 재배하여 쪽수가 균일하고 구의 짜임새가 단단하나 뿌리 및 줄기의 부착성이 약하다.

마지막으로 강원(삼척)산 마늘은 수확시기가 다른 지역보다 늦은 만생종으로 대부분 색택은 옅은 자홍색을 띠며, 선별 출하상태가 양호하고, 구의 크기 및 모양은 서산산과 비슷하며, 인편 수(쪽수), 구의 짜임새, 저장기간은 의성산과 비슷하다. 아울러 삼척산은 구의 크기에 비하여 중량이 높아 소비자의 인기는 물론 종자용으로 각광을 받고 있다.

나 소득과 생산비

10g당 소득은 적정재배면적과 생산량에 따라 매년 편차가 심하게 나타난다. 최근 5년간(2007~2011년) 재배농가의 10a당 평균 생산량은 1,281kg이며, 농가수취가격은 2,459원/kg으로 10a당 조수입은 310만 1,000원으로 나타났다. 마늘의 조수입은 생산량 증가와 농가판매가격의 증가로 인하여 2011년에는 456만 2,000원으로 2007년의 234만 7,000원보다 94% 증가하였다(표 7).

경영비 중 세부 생산요소 투입비를 보면 종구비, 무기질 비료비, 영농시설 상각비, 유기질 비료비 등의 증가로 2011년 경영비는 151만 원/10a으로 2007년의 90만 4,000원/10a보다 67% 증가하였다. 앞으로 소득안정을 위해서는 생력화 재배 등 경영비를 줄이는 작업이 필요하다.

한편 최근 5년 평균(2007~2011년) 마늘생산비 중 노력비 38%, 종구비 27%, 비료비 11%로 이들의 비중이 생산비의 76%를 차지하고 있다(표8). 따라서 현행 재배기술 수준에서 국제경쟁력을 갖추기 위해서는 종구비 절감을 위하여 주아를 이용한 종구생산과 노력비 절감을 위한 작업별(마늘쪽 분리, 파종 수확, 주대절단) 생력화 기계도입이 요구된다.

표 7 ▶ 연도별 마늘 수익성

(단위 : 천 원/10a)

구분		2007(A)	2008	2009	2010	2011(B)	평균	B/A
조수입	수량	1288	1321	1357	1212	1227	1281	0.95
	단가	1,822	1,612	1,622	3,522	3,718	2,459	2.04
	금액(A)	2,347	2,129	2,201	4,268	4,562	3,102	1.94
생산비	종자비	374	431	384	427	824	488	2.20
	무기질비료비	80	92	124	119	122	108	1.52
	유기질비료비	88	88	87	109	109	96	1.23
	농약비	53	53	60	60	63	58	1.20
	광열동력비	6	6	5	6	7	6	1.22
	수리비	0	0	0	0	0	0	1.00
경영비	제재료비	37	34	41	40	44	39	1.19
	소농구비	3	2	3	3	3	3	1.13
	대농구상각비	25	28	23	25	30	26	1.21
	시설상각비	5	6	5	6	7	6	1.40
	기타요금	-	5	7	12	6	6	0.00
	임차료	51	48	55	55	55	53	1.08
	위탁영농비	29	39	50	56	55	46	1.91
	고용노력비	153	151	156	174	184	163	1.21
	소계(B)	904	983	999	1,091	1,510	1,097	1.67
	자가노력비	475	508	501	530	562	515	1.18
	유동자본용역비	65	70	71	77	100	77	1.53
	고정자본용역비	16	21	17	19	19	18	1.18
	토지용역비	75	94	89	94	106	92	1.40
	소계(C)	1,535	1,677	1,676	1,811	2,295	1,799	1.50
	소득(A-B)	1,443	1,146	1,202	3,177	3,053	2,004	2.12
	순수익(A-C)	812	452	525	2,457	2,267	1,303	2.79
노동시간	고용	33.1	32.0	31.2	31.1	30.2	31.5	0.91
	자가	101.4	98.5	93.7	97.4	91.1	96.4	0.90

표 8 ▶ 마늘 생산비(2007~2011)

(단위 : 천 원/10a, %)

종구비	비료비	농약비	제재료비	임차료	위탁 영농비	노력비	자본 용역비	기타 비용	계
488	204	58	39	53	46	678	186	47	1,799
(27)	(11)	(3)	(2)	(3)	(3)	(38)	(10)	(3)	(100)

다 소비동향

마늘은 과거에는 조미료·양념 수준에서 소비하였으나 경제의 발전과 문화수준의 향상으로 국민들이 건강에 대한 관심이 높아짐으로써 현재는 단순히 양념 개념에서 벗어나 인체 생리활성 조절 등 기능성 식품으로 이용하는 경우가 많아지고 있다.

특히 단순히 식물의 역할보다는 향신료, 의약품 등으로 이용되고 기능성 식물로 발전할 가능성이 높아 소비증가가 기대되는 작물이다.

표 9 ▶ 연간 1인당 소비량

(단위 : kg/1인, 1년)

구분	1980	1990	2000	2005	2007	2010	2011
마늘	3.9	6.5	7.2	6.2	6.1	6.8	7.7
쇠고기	2.6	4.1	8.5	6.6	7.6	8.8	10.2
돼지고기	6.3	11.8	16.5	17.8	19.2	19.3	19.0

※ 자료 : 농수산식품 주요통계, 농림수산식품부

소비량은 경제여건과 국내작황의 영향을 받게 되나 전반적으로 소비가 꾸준히 증가하는 추세이다. 1980년 1인당 마늘 소비량이 3.9kg이었던 것이 매년 증가하여 2010년에는 1인당 6.8kg으로 늘었다. 이는 2010년 국민 1인당 GNP가 2만 달러에 도달하면서 육류의 소비량이 크게 늘어나 마늘의 소비도 촉진된 것으로 생각되며, 한국식품개발연구원에 의하면 1인당 소비량이 10kg까지는 증가할 것으로 전망하고 있다. 마늘은 김치를 비롯한 각종 부식용, 조미료용으로 많이 소비되고 있는데 마늘 구입 시 포장제품을 선호하는 경향이 57.8%로 가장 크다. 선호 품종은 육쪽마늘인 한지형이 64.7%로 나타났으며, 구입형태는 깐마늘 36%, 통마늘 31.4%, 주대마늘 26.2% 순으로 나타났다.

표 10 ▶ 마늘 구입형태별 비중(%)

구분	깐마늘	통마늘	주대마늘	다진마늘
2001년	23.1	35.4	37.8	2.5
2006년	32.2	34.7	14.3	4.0
2008년	37.1	34.7	24.1	4.2
2010년	36.0	31.4	26.2	6.4

※ 자료 : aT농수산물유통공사, 농축수산물 소비패턴조사 결과보고서

마늘 구입 장소로는 깐마늘의 경우는 재래시장 40.6%, 대형마트 33.6%, 동네가게 19.7% 순이며, 통마늘은 재래시장 31.7%, 산지 및 직거래 23.6%, 친지나 이웃소개 18.1% 순으로 나타났다. 구입 시 고려사항은 깐마늘은 신선도 26.3%, 가격 21.6% 순이며, 통마늘은 맛 18.3%, 생산지역 17.8%, 신선도 16.5% 순으로 나타났다.

마늘은 깐마늘, 마늘분말, 다진마늘, 마늘장아찌 등 원가공과 소시지, 햄 등 식품에 첨가 형태로 가공되며 가공 주체도 생산자, 소비자, 가공업체 등 다양하다.

일본에서는 마늘비스킷, 마늘조미료, 마늘된장, 마늘비누, 마늘목욕제, 건강식품, 가축질병 예방약품 등이 개발되어 판매되고 있으며, 최근에는 마늘파우더 생산이 증가되고 있다.

라 유통현황

난지형 마늘 시장이 활성화되어 있는 지역은 무안, 남해, 창녕이며, 이 지역의 출하량은 산지공판장이 전체 유통물량의 45%를 차지하고, 산지유통이 32.7%, 지역농협이 14%, 도매상이나 깐마늘 업체에 농가 직거래가 4.6%, 농가 저장이 3.7% 거래되고 있다(표 11).

난지형 마늘 유통 경로는 생산자 → 산지공판장 → 깐마늘 업체 → 도매상 → 소매상 → 소비자로 이어지는 형태가 가장 많다. 그중에서 생산자 → 산지공판장 → 깐마늘 업체 → 도매상 → 소매상 → 소비자로 유통되는 유형이 있고, 생산자

→ 산지유통인 → 저장업체 → 깐마늘 업체 → 대량수요처로 거래되는 유형도 있다. 그리고 생산자 → 생산자단체 → 대형 유통업체 → 소매상 → 소비자로 거래되는 유형과 생산자 → 저장업체 → 깐마늘 업체 → 도매상 → 소매상 → 소비자 형태로 거래되는 유형도 있다(그림 2).

표 11 지역별 유통주체별 출하비중(2010)

(단위 : %)

지역	산지유통인 (저장업체)	산지공판장	지역농협	도매상· 깐마늘업체, 직출하	농가저장	계
무안	64.0	-	18.0	14.0	4.0	100
남해	23.0	57.0	16.0	-	4.0	100
창녕	11.0	78.0	8.0	-	3.0	100
계	32.7	45.0	14.0	4.6	3.7	100

(단위 : %)

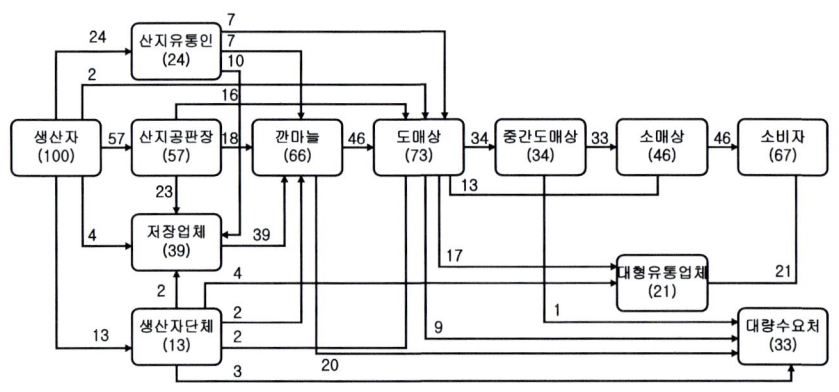

〈그림 2〉 난지형 조사지역 평균 유통경로(2010)

한지형 마늘의 시장이 활성화되어 있는 지역은 의성, 서산, 단양이며, 산지유통인이 전체 유통물량의 60%를 차지하고, 지역농협이 26.7%, 소비자(소매상)가 13.3%로 거래되고 있다. 지역별로 보면 의성과 단양지역은 산지유통 60%, 지역농협 25%, 소비자직거래 15% 비중으로 출하되고, 서산은 산지유통인 60%, 지역농협 30%, 소비자직거래가 10%로 나타났다.

한지형 마늘 유통 경로는 생산자 → 산지유통인 → 도매상 → 소매상 → 소비자로 이어지는 형태가 가장 많으며, 난지형에 비해 산지유통인이 취급하는 물량이 많고, 유통단계가 적은 것이 특징이다. 유형별로 보면 생산자 → 산지유통인 → 도매상 → 소매상 → 소비자로 거래되는 유형이 있고, 생산자 → 산지유통인 → 산지공판장 → 도매상 → 소매상 → 소비자로 거래되는 유형도 있으며, 생산자 → 생산자단체 → 대형 유통업체 → 소비자로 거래되는 유형도 있다(그림 3).

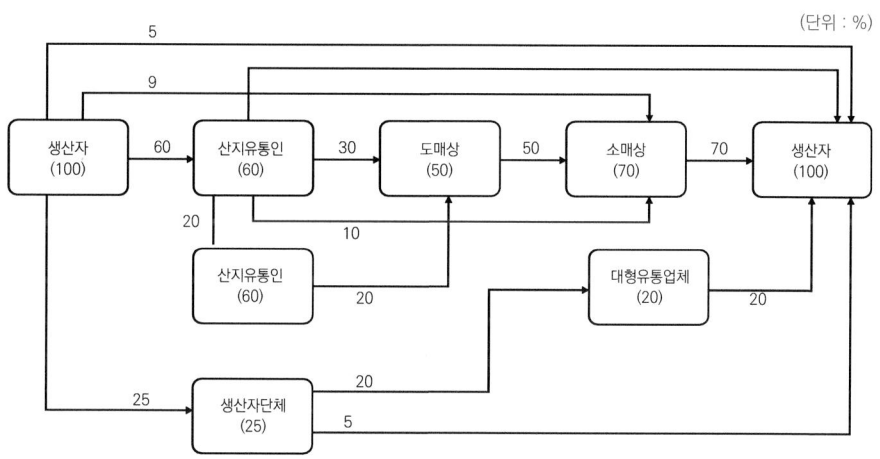

〈그림 3〉 한지형 조사지역 평균 유통경로(2010)

난지형 마늘 유통 마진은 깐마늘의 경우(2010)는 무안, 남해, 안동, 창녕에서 서울로 출하하는 유통비용이 약 59%로 높으며 특히 출하단계 유통비용이 28~29%, 도매단계 12%, 소매단계 18~19%로 나타났다(표 12). 비용별 비중은 직접비 23.4%, 간접비 16.2%, 유통종사자 이윤은 19.3%로 나타났다. 유통마진 분석에서 농가수취율은 41.1%로 고추 68%에 비해 낮지만, 다른 양념채소인 양파 27%, 생강 26%, 대파 19%보다 높다.

표 12 난지형 깐마늘 경로별·단계별 유통비용 비교

(단위 : 원/kg, 상품)

구분	무안 → 서울(가락시장)		남해 → 서울(가락시장)		창녕 → 서울(가락시장)	
	금액	비율	금액	비율	금액	비율
농가수취가격	2,893	41.3	3,254.5	41.2	3,237.5	41.0
소비자가격	7,000	100.0	7,900.0	100.0	7,900.0	100.0
유통비용	4,107	58.7	4,645.5	58.8	4,662.5	59.0
출하단계	1,966	28.1	2,306.9	29.2	2,323.3	29.4
도매단계	840	12.0	940.2	11.9	940.4	11.9
소매단계	1,301	18.6	1,398.4	17.7	1,398.8	17.7

※ 자료 : 농수산물유통공사, 「2010 주요 농산물 유통실태」를 중심으로 재정리함

통마늘 단계별 평균 유통비용(2010)은 무안, 남해, 안동, 창녕에서 서울로 출하하는 유통비용이 42.9%로 깐마늘보다 낮으며, 특히 소매단계에서 유통비용이 14.7%로 가장 높고, 출하단계는 9.8%, 도매단계는 7.3%로 나타났다. 유통비용별 비용은 직접비가 23.4%, 간접비는 16.2%, 이윤은 19.3%로 나타났다. 유통마진 분석에서 농가수취율 57.3%로 고추에 비해 낮지만, 다른 양념채소인 양파 27%, 생강 26%, 대파 19%보다 높다(표 13).

표 13 난지형 통마늘 경로별·단계별 유통비용 비교

(단위 : 원/kg, 상품)

구분	무안 → 서울(가락시장)		남해 → 서울(가락시장)		창녕 → 서울(가락시장)	
	금액	비율	금액	비율	금액	비율
농가수취가격	2,893	57.9	3,254.5	57.1	3,237.5	56.8
소비자가격	5,000	100.0	5,700.0	100.0	5,700.0	100.0
유통비용	2,107	42.1	2,445.5	42.9	2,462.5	43.2
출하단계	581	11.6	815.2	14.3	832.2	14.6
도매단계	599	10.5	530.1	9.3	530.1	9.3
소매단계	1,140	20.0	1,100.2	19.3	1,100.1	19.3

※ 자료 : 농수산물유통공사, 「2010 주요 농산물 유통실태」를 중심으로 재정리함

마 수입현황

(1) 시장개방 내용

우리나라의 관세·통계통합품목분류표상 마늘 관련 품목은 2011년 현재 신선냉장마늘, 일시저장마늘, 건조마늘, 냉동마늘, 초산조제마늘 등 5개 품목이다. 신선냉장마늘은 2000년부터 껍질을 깐 것(깐마늘)과 기타(통마늘)로 구분하였다. 냉동마늘과 초산조제마늘은 각기 1993년, 1997년에 개방된 품목으로 30%의 기본 관세가 부과되어 수입하였다. 신선냉장마늘(탈피, 기타), 냉동마늘, 일시저장마늘, 건조마늘, 조제저장마늘로 분류된다. 기본세율은 냉동마늘, 일시저장처리 마늘, 조제저장처리 마늘은 30%, 그 외는 50%이며, 2006년 양허기준 세율은 냉동마늘이 27%, 조제저장마늘이 36%이고 그 외는 360%이다(표 14). 마늘은 UR협상에 의해 1995년부터 개방되었으며, 시장접근물량도 설정되었다.

표 14 마늘류 FTA 체결 현황

(단위 : 원/kg, 상품)

품목명	FTA 체결조건					기본세율	UR 양허기준세율	'06세율(%)	
	칠레 ('04발효)	싱가포르 ('06발효)	아세안 ('07발효)	미국 FTA	EU FTA ('11발효)			양허	실행
마늘 (신선/냉장/탈피)	DDA 이후	양허 제외	양허 제외	15년 철폐+ 18년 철폐SG	양허 제외	50	400	360	360
마늘 (신선/냉장/기타)	DDA 이후	양허 제외	양허 제외	15년 철폐+ 18년 철폐SG	양허 제외	50	400	360	360
마늘 (냉동)	DDA 이후	10년 철폐	양허 제외	15년 철폐	10년 철폐	30	35.5	27	27
마늘 (일시저장처리)	DDA 이후	양허 제외	양허 제외	15년 철폐+ 18년 철폐SG	양허 제외	30	400	360	360
마늘 (건조)	DDA 이후	양허 제외	양허 제외	15년 철폐+ 18년 철폐SG	양허 제외	50	400	360	360
마늘 (조제저장처리)	DDA 이후	10년 철폐	양허 제외	10년 철폐	10년 철폐	30	40	36	30

1 마늘(신선/냉장/탈피)_0703201000, 마늘(신선/냉장/기타)_0703209000,
2 마늘(냉동)_0710802000, 마늘(일시저장처리)_0711901000,
3 마늘(건조)_0712901000, 마늘(조제저장처리)_2001909060

(2) 수입실적

마늘 수입은 최소 시장접근물량이 있고, 관세에 의한 수입량이 있다. 마늘 수입량은 2009년에 소폭 감소하였으나 2010년 급증하여 계속 증가 추세를 보이고 있으며, 대부분 중국산이 수입되고 있다.

2008년 5만 2,000톤 수준에서 2009년 3만 2,000톤으로 감소하였다가 2010년에는 6만 4,000톤, 2011년에는 7만 8,000톤이 수입되었다(표 15).

표 15 마늘 수입 현황

(톤, 달러 %)

구분	단위	2008	2009	증가율	2010	증가율	2011	증가율
냉동	물량	37,475	22,655	△39.55	33,415	47.5	38,104	14.0
	금액	16,865	9,357	△44.52	37,351	299.2	46,442	24.3
일시저장	물량	-	15	-	-	△100	-	-
	금액	-	6	-	-	△100	-	-
건조	물량	2,093	48	△97.7	114	137.4	341	198.3
	금액	1,840	58	△96.84	119	105.3	297	149.2
탈피한 것	물량	2,516	404	△83.93	1,640	305.4	1,709	4.2
	금액	1,298	188	△85.49	3,338	1,671.8	1,861	△44.24
기타 마늘	물량	3,918	4,100	4.7	24,467	496.8	35,341	44.4
	금액	1,518	5,940	291.4	57,617	870.1	43,404	△24.67
식초, 초산조제	물량	6,801	4,948	△27.24	4,372	△11.65	3,125	△28.51
	금액	4,263	2,597	△39.06	2,902	11.7	3,478	19.9
전체	물량	52,803	32,171	△39.07	64,008	99.0	78,620	22.8
	금액	25,784	18,146	△29.62	101,328	458.4	95,483	△5.77

※ 자료 : 농산물무역정보(www.kati.net)

다시 수입량이 증가한 2010년을 기준으로 품목별로 살펴보면 냉동마늘이 47.5%, 건조마늘이 137.4%, 탈피한 마늘이 305.4%, 기타 마늘이 496.8% 증가하였다. 이후 2011년에도 건조마늘은 더 높은 증가율을 보였다.

수입 단가는 2008년 0.48달러/kg에서 2009년 0.56달러/kg, 2010년 1.58달러/kg, 2011년 1.21달러/kg으로 이전에 비해 증가하고 있다.

03 마늘산업의 문제점 및 해결과제

가 문제점

(1) 생산

　가. 우리나라 마늘의 71%가 전국 15개 주산단지에서 생산된다. 따라서 연작장애 및 종구퇴화로 단위수량 증가율이 최근에 정체되고 생산비는 지속적인 증가 추세에 있다.
- 생산비(원/10a) : 85만 2,000원(1985년)→105만 3,000원(1995년)→120만 5,000원(2000년)→229만 5,000원(2011년)

　나. 파종시기 10월, 수확기 5~6월에 노동력이 집중되어 있고, 인력에 의존한 생산과 경영규모가 영세하다.
- 마늘 호당 평균 재배규모는 90년대부터 지속적으로 소폭 상승해 오다가 2010년의 경우 0.15ha이니 아직도 영세하다.
· 규모(ha/호) : 0.05(1990년)→0.08(2000년)→0.08(2005년)→0.15(2010년)
- 마늘 재배규모별 농가 수는 0.1ha 규모 미만의 영세농은 1990년도에는 전체 농가의 85.8%를 차지하였고, 2010년도에는 63.4%로 영세농가가 많이 감소했으나 여전히 대다수가 영세규모이다. 그리고 0.7ha 규모 이상의 대규모 농가는 1990년도에는 전체 농가의 0.37%에 불과하였으나 2010년도에는 농가비율이 3.2%로 증가하였다.

표 16 마늘 재배규모별 농가 수

연도	농가 수(호)						호당 평균규모 (ha)
	계	0.1ha 미만	0.1~ 0.3ha 미만	0.3~ 0.5ha 미만	0.5~ 0.7ha 미만	0.7ha 이상	
1990	845,563	725,115	89,350	22,315	5,684	3,099	0.05
1995	574,244	472,410	68,487	22,116	6,693	4,538	0.07
2000	539,735	457,776	50,729	20,062	6,204	4,964	0.08
2005	380,684	318,893	36,741	15,090	5,301	4,659	0.08
2010	132,756	84,119	30,390	10,209	3,765	4,273	0.15

※ 자료 : 통계청

다. 수량증대를 위한 무기질 과다시용 등으로 품질 및 저장성이 저하되고 있다.
- 상품성 비율(1998년, 대서마늘) : 78%(중국산 92%)

라. 마늘생산비 중에서 종구비와 노력비가 65%를 점유하여 생산비 절감을 위한 종구비 절감과 기계화가 필요하다.

(2) 유통

가. 포전판매(밭떼기 거래) 중심의 거래와 생산부터 소비단계까지 다단계의 유통과정을 거치므로 유통비용이 과다하게 발생되고 있다.

나. 소비자의 80% 정도가 깐마늘 구매로 전환되었으나 깐마늘 유통체계의 미확립으로 과다한 유통마진의 발생 및 수입품과의 차별화가 미흡하다.
- 깐마늘 포장 단위가 전근대적인 방법으로 포장(5관, 10관 등)되어 수입품과 혼합이 용이하여 소비자보다는 위탁상인의 상업이윤 위주로 거래되고 있다. 따라서 다른 작물처럼 유통경로를 단순화시켜 유통비용을 줄이는 판매 방법이 중장기적으로 이루어져야 한다.

나 해결과제

(1) 우량종구 생산 및 보급

국내 마늘 우량종구 생산·보급은 강원도 삼척, 경북 의성(주아재배) 등 극히 일부지역을 제외하고는 이루어지지 않고 있다. 대부분 3~5년 이상 한곳에서 동일 품종을 계속 재배하여 종구로 사용하기 때문에 생산성이 크게 떨어지고 품질도 낮다. 또한 재배지 전체를 포전거래하는 지역에서는 판매 후 매년 시장에서 구입하여 파종되므로 수량이 크게 떨어지고 있다. 따라서 지속적인 우량종구 생산이 필요하다. 우량종구 생산을 위한 몇 가지 방법을 소개하면 다음과 같다.

첫째, 농가에서 필요한 종구를 생산하는 마늘 채종포 운영이다. 농가별로 재배면적에 따라 약간의 차이는 있겠지만 한 농가당 100~330㎡ 정도를 매년 운영하면 건전한 우량종구를 사용하게 되고 아울러 수량 및 품질이 크게 향상될 수 있다.

둘째, 주아재배를 통한 종구 생산 및 이용이다. 1980년대부터 종구갱신 사업으로 주아재배에 의한 종구개량 방법을 계속 연구하여 1990년대 들어 주아재배법이 확립되었다. 경북 의성, 경남 남해, 전남 신안, 충북 단양, 제주 등 주산단지의 많은 농민이 주아를 이용하여 종구를 생산·이용하고 있다.

마늘은 벼, 콩 등 일반작물과 달리 영양번식 작물로 종구의 대량생산이 곤란하므로 농가에서 매년 주아를 이용하여 우량종구를 생산하여 사용하는 것이 가장 바람직한 방법이다.

2000년대 들어서 정부에서는 주아재배를 적극 장려하는 정책을 추진하여 재배할 농가의 신청을 받아 자치단체와 계약재배하고 수확기에 농협을 통해 수매하여 다시 다른 농가에 공급하고 있다. 이것을 점차 확대하여 성공적인 사업이 될 때 수량 및 품질은 한층 더 향상될 것이다.

(2) 생산비 절감

경쟁력을 가지려면 먼저 생산비를 줄여야 한다. 생산비 중에도 비중이 높은 종구비(27%)와 노력비(38%)의 절감이 최우선 과제이다.

가. 종구비

단기적으로 우량종구 보급, 중장기적으로 주아재배기술을 주산지를 중심으로 확대재배하고 계속적인 공급체계가 확립되어야 한다. 주아재배의 경우 종구비 절감 70% 및 수량증대 17~29%의 효과로 1999년 기준 36~41%의 생산비 절감효과가 있었다.

나. 노력비

기계화에 의한 일관작업체계화가 필요하다. 트랙터 중심으로 작업체계를 개선시킬 경우 노력비 절감으로 생산비를 절감시킬 수 있다.

(3) 깐마늘의 유통효율화

소비자의 80%가 깐마늘을 원하고 있고 점차 깐마늘 유통이 더욱 확대될 것이다. 따라서 깐마늘의 유통효율화를 통한 비용절감이 필요하다.

그 방법으로는 첫째, 물류시스템 개선으로 불필요한 비용 제거 및 소요비용의 절감이다. 깐마늘 공장에서 망에 포장된 통마늘을 구입하여 망을 제거하고 깐마늘로 가공하고 있으나, 팔레트를 이용한 물류시스템이 도입될 경우 망포장에 소요되는 노력비, 포장비, 가공단계의 망 제거 노력비 등은 불필요하게 되며, 수작업으로 하는 상·하차를 지게차로 대체하면 이에 따른 소요비용 절감의 효과가 있다.

둘째, 유통단계 축소를 통한 유통비용 절감이다. 전업농가, 주산단지 작목반에서 저장업이나 가공공장을 복합경영하여 기존의 3단계(농가, 저장 업체, 깐마늘공장) 유통을 2단계로 축소하면 유통비용을 절감할 수 있다. 끝으로 앞으로 소비자의 기호에 맞는 마늘을 생산하기 위해서는 품질에 대한 냉혹한 평가와 더불어 지역마다 맛과 향이 독특한 차별화 기술개발과 품질의 고급화가 선행되어야 하겠다.

04 표준 출하규격

Growing Garlic

    마늘을 선과할 때 표피색깔은 재배지역의 토양색에 따라 달라지며, 보편적으로 백마늘은 수분이 많은 논에서 재배되고, 홍마늘은 황토흙에서 재배된다. 밭마늘은 육질이 단단하고 강건한 데 비하여 논마늘은 단단한 정도가 다소 떨어진다.
    상품성 구분은 대체적으로 다음과 같은 기준에 의해 구별된다.
    좋은 마늘은 크기와 모양이 균일한 한지형 육쪽마늘을 선별한 것, 참흙에서 재배한 것으로 표피가 담갈색 또는 담적색인 것, 쪽수가 적고 짜임새가 단단하고 알차 보이는 것, 인편을 감싸고 있는 겉껍질과 속껍질 부착이 매우 강한 것, 구의 외형이 둥글고 깨끗하며, 고유의 매운맛이 강한 것, 햇마늘은 건조가 양호하여 저장성이 강하고, 저장마늘은 싹이 돋지 않고, 육질이 견고하며, 공각이 없고, 변색되지 않은 것 등이다.
    좋지 않은 마늘은 난지형 마늘로서 여러 쪽(10쪽 이상)이며, 마늘통이 작은 것, 모양이 바르지 못하고 크기가 균일하지 못하며 깨끗해 보이지 않는 것, 짜임새가 엉성하면서 껍질이 잘 벗겨지는 것, 표피색이 흰색 또는 암적색, 검은색인 것, 저장마늘은 싹이 트고 썩은 공간이 많고 육질이 노랗게 변질되거나 쭈글쭈글한 것 등이다. 국립농산물품질관리원에서는 마늘 표준규격에 대한 정의를 다음과 같이하고 있다.

(1) 특품규격

① 낱개 고르기 : 별도로 정하는 마늘 크기 구분표에서 크기가 다른 것이 10% 이하인 것. 단, 마늘 크기 구분표의 해당 크기에서 1단계를 초과할 수 없다.
② 크기 : 별도로 정하는 마늘 크기 구분표의 'L' 이상인 것
③ 모양 : 품종 고유의 모양이 뛰어나며, 각 마늘쪽이 충실하고 고른 것
④ 손질 : 통마늘의 줄기는 마늘통으로부터 2cm 이내로 절단한 것
  풋마늘의 줄기는 마늘통으로부터 5cm 이내로 절단한 것
⑤ 열구(난지형에 한한다) : 20% 이하인 것
⑥ 쪽마늘 : 4% 이하인 것
⑦ 중결점구 : 없는 것
⑧ 경결점구 : 5% 이하인 것

(2) 상품규격

① 낱개 고르기 : 별도로 정하는 마늘 크기 구분표에서 크기가 다른 것이 20% 이하인 것. 단, 마늘 크기 구분표의 해당 크기에서 1단계를 초과할 수 없다.
② 크기 : 별도로 정하는 마늘 크기 구분표의 'M' 이상인 것
③ 모양 : 품종 고유의 모양을 갖추고 각 마늘쪽이 대체로 충실하고 고른 것
④ 손질 : 통마늘의 줄기는 마늘통으로부터 2cm 이내로 절단한 것
  풋마늘의 줄기는 마늘통으로부터 5cm 이내로 절단한 것
⑤ 열구(난지형에 한한다) : 30% 이하인 것
⑥ 쪽마늘 : 10% 이하인 것
⑦ 중결점구 : 없는 것
⑧ 경결점구 : 10% 이하인 것

(3) 용어의 정의

① 마늘의 구분은 다음과 같다.
  ○ 통마늘 : 적당히 건조되어 저장용으로 출하되는 마늘
  ○ 풋마늘 : 수확 후 신선한 상태로 출하되는 마늘(4~6월 중에 출하되는 것에 한함)

② 열구 : 마늘쪽의 일부 또는 전부가 줄기로부터 벌어져 있는 것으로 포장단위 전체 마늘에 대한 개수 비율을 말한다. 단, 마늘통 높이의 3/4 이상이 외피에 싸여 있는 것은 제외한다.
③ 쪽마늘 : 포장단위별로 전체 마늘 중 마늘통의 줄기로부터 떨어져 나온 마늘쪽을 말한다.
④ 중결점구는 다음의 것을 말한다.
   ○ 병해충구 : 병해충의 증상이 뚜렷하거나 진행성인 것
   ○ 부패, 변질구 : 육질이 부패 또는 변질된 것
   ○ 형상불량구 : 기형 및 벌마늘(완전한 줄기가 2개 이상 발생한 2차 생성구), 싹이 난 것, 뿌리가 난 것
   ○ 상해구 : 기계적 손상이 마늘쪽의 육질에 미친 것
⑤ 경결점구는 다음의 것을 말한다.
   ○ 마늘쪽이 마늘통의 줄기로부터 1/4 이상 떨어져 나간 것
   ○ 외피에 기계적 손상을 입은 것
   ○ 뿌리 턱이 빠진 것
   ○ 기타 중결점구에 속하지 않는 결점이 있는 것

표 17 마늘 크기 구분표

구분	호칭	2L	L	M	S
1개의 지름 (cm)	한지형	5.0 이상	4.0 이상 5.0 미만	3.0 이상 4.0 미만	2.0 이상 3.0 미만
	난지형	5.5 이상	4.5 이상 5.5 미만	4.0 이상 4.5 미만	3.5 이상 4.0 미만

※크기는 마늘통의 최대 지름을 말한다.

제Ⅱ장
마늘 안전 재배기술

1. 특성 및 재배환경
2. 품종 및 재배작형
3. 재배관리

01 특성 및 재배환경

Growing Garlic

가 형태적 특성

마늘은 백합과 파속의 식물로 양파, 파, 부추 등의 비늘잎 채소류와 비슷한 식물적 특성을 가지며 또한 재배습성도 유사한 점이 많다. 일반적으로 이들 채소류는 냄새가 매우 독특하며, 인경과 짧은 근경(단축경)을 가지고 있고 뿌리는 다수의 섬유근이 단축경에 붙어 있는 2년초에서 다년초 식물이다.

잎은 잎과 잎자루로 분화되어 있고 잎자루의 중심부가 빈 원통상이며 지하부의 단축경에 붙어 있다. 그리고 잎자루는 끝이 가늘고 길며, 중앙에 주맥과 주위에 평행맥이 있다. 엽신을 횡단한 모양은 중앙 주맥부가 밑으로 있고 양 잎 가장자리가 위로 향해 있으며, 잎의 순서는 1/2로 마주나기로 배열된다. 파종된 인편에서 잎이 분화할 때 잎자루가 발달되지 않은 1매의 발아엽이 가장 먼저 자라 나오고 이어서 보통엽이 8~10매 정도로 분화된다.

마늘의 인경(구)은 일정한 영양생장기를 거쳐 적합한 환경에 처하면 화아(花芽)분화와 동시에 인편분화가 되면서 지하부의 엽초기부에 발달된다. 따라서 인경은 인편이 다수 모여서 형성되는데 인편의 착생 위치나 수는 품종에 따라서 다르다. 대개 동양종 마늘에 있어서 인편의 착생 위치는 1차적으로 꽃대를 둘러싸고 있는 보통엽의 최종엽 잎겨드랑이이며, 2차 착생은 그 하위엽의 잎자루 기부 잎겨드랑이에서 이루어지므로 인경은 2층위를 이루고 있다. 그러나 서양종의 불추대마늘은 인편의 착생 위치가 더 진전되어 3층 혹은 그 이상의 층위에서 인편이 분화 및 발달하게 된다.

인편이 발달하면 외측부터 보호엽, 저장엽, 발아엽(맹아엽) 그리고 보통엽으로 구성되어 있고 중심에 생장점이 위치하며, 이들은 모두 단축경에 붙어 있다 (그림 4, 5).

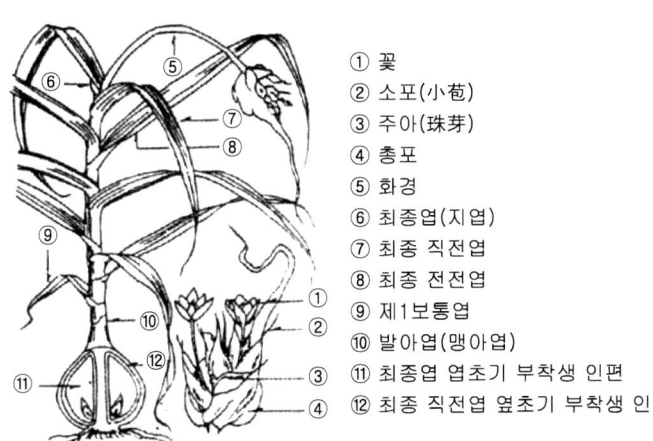

① 꽃
② 소포(小苞)
③ 주아(珠芽)
④ 총포
⑤ 화경
⑥ 최종엽(지엽)
⑦ 최종 직전엽
⑧ 최종 전전엽
⑨ 제1보통엽
⑩ 발아엽(맹아엽)
⑪ 최종엽 엽초기 부착생 인편
⑫ 최종 직전엽 엽초기 부착생 인편

〈그림 4〉 마늘의 형태

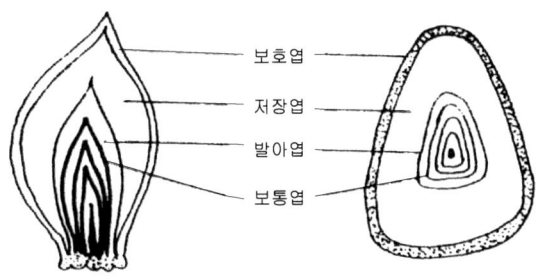

〈그림 5〉 마늘쪽의 단면도

꽃차례와 주아의 형태와 발달을 보면 추대종 마늘의 경우 생장점으로부터 화경이 자라 나와(일명 추대라고 함) 정단부에 총포가 발달한다. 이 총포 내에 꽃과 주아가 함께 있다. 꽃은 여러 개의 작은 꽃(소화)으로 구성되며 한 개의 꽃은 외화피(3), 내화피(3), 수술(6) 그리고 암수(1)로 구성되어 있다. 그리고 주아는 지하에 착생되는 인편과 똑같은 구조를 가지고 있으나 크기가 인편보다 작으며 소포가 주아를 둘러싸고 있다. 때로는 한 개의 꽃대에 2차적으로 총포가 발달되기도 한다. 그러나 불완전 추대종 마늘의 경우는 꽃대가 엽초 안에 위치하면서 꽃을 가지는 총포가 발달하지 못하고 비교적 큰 주아만 형성되는 특성이 있다. 우리나라 지방종은 대부분 추대종인데 그중 꽃대가 길게 신장하는 것은 꽃의 수나 주아 수가 많으며, 꽃대가 짧거나 불완전 추대종은 꽃의 수나 주아 수가 적은 편이다.

마늘의 염색체 수는 2n이 16개이며 염색체의 이상 또는 화기의 비정상적 발달로 인해 불임이 되어 진정한 씨앗이 생기지 않는다. 그러나 일부 가임계통의 마늘이 있어 마늘의 육종재료로 중요한 의미를 가지고 있다. 재배를 위한 번식재료로는 지하에 착생하는 마늘쪽과 꽃대에 생기는 주아를 이용하게 된다.

나 생리적 특성

마늘의 생육적온은 18~20℃로서 내한성이나 내서성이 아주 강한 편은 아니다. 가을에 씨마늘 또는 주아를 심으면 한지형 마늘은 발근하였다가 월동 후 싹이 나오고 난지형 마늘은 발근과 함께 싹이 나와 겨울의 저온으로 생육이 정지할 때까지 4~5매의 잎이 나며 초장이 20~40cm에서 월동한다.

겨울에는 외관상 생육이 정지하고 있으나 겨울부터 이른 봄에 걸쳐서 생장점이 화방에서 분화하여 그 주위에 쪽(側球)으로 발육하는 쪽눈(側球芽)이 분화한다. 따라서 자연조건하에서 겨울의 저온은 인경형성에 꼭 필요한 조건이다.

봄에 온도가 상승하면 다시 활발한 생장을 시작하여 엽수, 초장이 증가하며 마침내 추대와 동시에 구의 비대도 현저하게 되어 꽃대(花莖)의 밑부분 주위에 여러 개의 쪽(側球)이 가지런히 형성되게 된다.

즉, 마늘은 0~5℃의 저온에서 1개월 이상 지나게 되면 측구가 되는 쪽눈(側

球芽)을 분화할 수 있는 생리적 상태가 되고 저온기간이 2~3개월에 이르게 되면 한층 더 구를 형성하기 쉬운 상태가 된다.

묘가 적고 엽수가 적은 상태에서 구가 형성되기 시작했을 때 구는 작은 상태에서 머물게 되며 엽수가 증가하고 뿌리가 충분히 뻗은 다음에 측아구가 발육한다. 즉, 쪽의 비대는 장일조건에서 촉진되며 구의 비대가 끝나기 전에 30℃ 전후의 고온이 되거나 병이 생겨 잎이 마르면 큰 구가 형성되지 않는다.

저온요구도는 품종에 따라서 다른데 일반적으로 난지형 품종은 저온요구성이 약하고, 반대로 한지형 품종은 저온요구도가 높다. 또 마늘은 전혀 추대되지 않은 품종부터 추대가 불완전해서 도중에 중지해 버리는 것, 화경이 1m 이상이 되어 많은 꽃과 주아를 맺는 것 등 여러 품종이 있다.

그러나 추대한 꽃대를 그대로 두어 꽃이나 주아를 달아 두면 주아의 발육 때문에 영양을 빼앗겨 인편의 비대가 방해되므로 재배 시에는 추대하는 꽃대를 일찍 뽑아 주어야 한다.

다. 휴면과 구 비대

마늘은 고온장일 조건에서 구 비대가 시작되어 수확 후에는 일정 기간 휴면이 지속되다가 자연적으로 타파되며, 마늘에 인위적 저온 또는 변온처리를 하면 휴면이 보다 빨리 타파된다. 그리고 마늘은 일정 기간의 저온을 경과함으로써 인편의 분화나 발달이 촉진된다. 이러한 휴면과 인편 및 꽃자리의 분화에 미치는 온도의 반응은 품종이나 재배조건에 따라 달라진다. 수확 후 자연상태에서 난지형 마늘의 발근은 7월 말 내지 8월 초순경, 한지형 마늘은 8월 중하순경에 시작되며, 이 시기에 인편 내 발아 잎 생장도 시작된 것으로 보아 자발휴면의 해제시기로 추정된다. 그러나 발아 잎 생장에 미치는 두 가지 생태형 마늘의 온도반응은 달리 나타난다.

즉 난지형 마늘은 발근 후 발아 잎의 생장이 계속되나 한지형은 저온을 경과한 후 발아 잎의 생장이 진행되므로 발근과 인편 내 발아 잎의 생장이 진행되어 본 휴면성은 서로 다른 휴면 특성을 가지고 있는 것으로 해석된다. 마늘의 휴면에 관여하는 물질의 본체가 정확히 밝혀져 있지는 않지만 인편의 휴면에는 아브시스산(Abscisic acid: ABA)과 지베렐린이 관여하고 있으며 휴면 중에는 아브시스산 함량이 높고 휴면이 타파되면서 지베렐린의 함량이 증가한다. 휴면타파 방법으로 이용되는 저온 또는 변온은 마늘 체내의 지베렐린의 활성도를 증가시킬 것이라고 추측된다.

한편 구 비대는 온도와 일장의 상호작용에 의해 이루어지는데 씨마늘에 충분한 저온이 경과되면 일장의 영향은 감소되고 또 일장이 충분히 긴 조건에서는 저온의 효과가 줄어들게 되는 것으로 알려져 있다. (표 18)은 일장처리 기간을 달리하였을 때 마늘 구 비대에 미치는 영향으로 4월과 6월의 한 달간 단일처리는 구 비대에 큰 영향을 미치지 않았으나 5월의 단일은 육쪽마늘의 구형성에 극히 불량하게 나타난 반면, 자연일장과 장일은 구 비대를 촉진시켰다. 구형성의 기작은 체내의 생장조절물질과 탄수화물의 대사가 관여하는 것으로 알려져 있다. 즉 인편분화를 촉진하는 데는 지베렐린이 효과적이며, 인경의 비대 초기에는 생장촉진물질이 증가하다가 구 비대 후기에 ABA와 같은 생장억제물질이 증가하고 질소화합물이 감소된다. 그리고 이때 호흡도 줄고 상대적으로 합성된 탄수화물이 엽초를 거쳐 인편으로 이동하여 축적되면서 구가 비대한다.

표 18 일장처리 기간이 마늘의 구형성에 미치는 영향

일장처리		구중 (g)	인편 수 (개)	구경 (cm)	엽초경 (cm)	엽초경/구경
자연일장		40.9	6.5	4.8	1.0	0.20
단일	4월	31.9	5.2	4.5	1.1	0.24
	4~5월	23.0	4.3	3.7	1.4	0.36
	4~6월	12.3	3.5	2.6	1.3	0.52
	6월	30.8	6.7	4.4	0.9	0.21
장일(16기간)		23.8	5.6	3.4	0.8	0.24

※일장처리는 4월 6일부터 수확 시까지 하였음.

이상과 같이 마늘에 있어서 온도, 습도 그리고 일장조건 등은 마늘의 생태형 분화와 휴면, 인편분화 및 구 비대에 영향을 크게 미치고 있으므로 이러한 특성을 이해하여 재배기술에 적용시켜 나가야 할 것이다. 마늘의 전 생장기간 동안의 환경요인에 대한 반응을 그림으로 나타내면 다음의 (그림 6)과 같다.

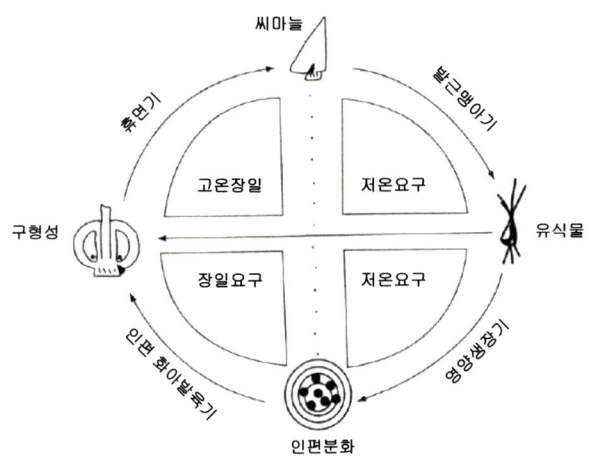

〈그림 6〉 마늘의 생육 과정별 온도, 광반응 모식도

라 재배환경

(1) 환경

마늘은 더위에 견디는 힘이 약하고 추위에 견디는 힘도 그렇게 강하지 못하므로 세계적으로 주재배지역은 온대 남부에서 아열대 북부지역에 분포되어 있다.

생육적온은 18~20℃이고, 25℃ 이상 고온에서는 생육이 정지되며 잎이 말라죽게 된다. 또한 온도가 평균 1℃ 상승하면 벌마늘 발생율이 크게 증가한다. 기온이 10℃ 이하가 되면 생육속도가 감퇴되나 뿌리는 1℃ 내외의 저온에서도 자라므로 파종 후 월동기간 중 토양수분 관리에 유의해야 한다.

표 19 마늘의 생육과 온도

싹트기				생육		구 비대(球肥大)	
개시온도		개시온도		적온	장해온도	장해온도	적온
평균기온	지온	평균기온	지온				
15~17℃	13℃	25~27℃	22~23℃	18~20℃	25℃ 이상	10℃ 전후	10℃ 전후

표 20 ▶ 기온상승에 따른 생리장해 발생 비율(%, '18~'19)

기온(°C)	벌마늘(%)	열구(%)	스펀지(%)	계(%)
외기	14	2	-	17
외기 + 1°C	41	7	-	47
외기 + 2°C	60	3	-	63
외기 + 3°C	67	7	-	74
외기 + 4°C	65	4	4	72
외기 + 5°C	63	18	-	81
외기 + 6°C	66	9	-	75

* 참고: '남도' 시설재배

(2) 일장과 구형성 생리

마늘쪽은 저온에서 분화하고 온난장일 조건에서 비대한다. 마늘쪽 분화에 필요한 적온은 5~10°C이며, 0~5°C에서는 분화는 빠르나 구가 작아지고 15°C 이상에서는 분화하지 않는다. 마늘쪽 비대는 10°C 이상에서 가능하며 적온은 20°C 전후이다.

극단적인 단일(8시간)에서는 쪽이 분화되지 않거나 쪽이 2차 생장하여 전혀 구를 형성하지 못한다. 생육기에 단일처리를 하면 구 비대가 억제되고, 2차 생장이 증가된다. 이 같은 점은 품종 간의 온도에 대한 반응성, 빛에 대한 반응성의 정도에 따라 달라지는데 난지형 품종은 한지형에 비해서 저온에 민감하고 저온 요구도가 약하며 마늘쪽의 분화도 빨라서 단일성을 나타낸다. 품종별로는 한지형은 난지형보다 고온장일성을 갖는다.

표 21 ▶ 구 비대시기

생육과정	제주 및 남해안지역 (난지형)	중부내륙지역 (한지형)
마늘쪽 분화기	2월 중하순~3월 상중순	3월 하순~4월 중하순
마늘쪽 비대 개시	4월 상순~4월 하순	4월 중순~5월 하순
추대기	4월 중하순~5월 상중순	5월 중하순~6월 상순
마늘쪽 비대 종기	5월 하순~6월 상중순	6월 중순~6월 하순

(3) 토양

마늘은 표토가 깊고 배수가 잘되면서 부식질이 많은 점토 또는 점질양토에서 잘 자란다. 점토에서는 마늘통이 단단하고 통터짐이 적으며 품질이 좋으나, 사질토에서는 저장력이 약한 마늘이 생산되며 마늘통이 잘 갈라지고 충실하지 못하다. 그리고 배수가 불량한 토양에서는 마늘의 품질이 나빠지고 병해충의 피해도 많아지게 된다. 마늘에 알맞은 토양산도는 pH 5.5~6.5의 범위이며(표 22), 산성이 강하면 자람이 좋지 않고 뿌리 끝이 둥글게 굵어진다.

마늘의 주산지는 대부분 석회함량이 높은 석회암지대나 해안가에 많이 분포하고 있는 것으로 보아 마늘은 석회의 요구도가 높다고 생각된다.

표 22 양액의 산도와 마늘의 생육 및 구 비대

산도(pH)	엽수(매)	구경(cm)	생체중(g)	생구중(g)
5.0	10.9	4.0	26.3	26.3
5.5	10.3	3.9	22.0	23.0
6.0	10.8	3.9	26.2	25.8
6.5	10.5	4.1	29.8	27.2
7.0	10.6	3.9	21.4	22.9

우리나라 마늘 주산단지의 토양분석 결과를 보면 (표 24)과 같고 마늘의 생육 불량 재배지의 토양분석 결과는 (표 23)와 같다.

생육불량 마늘 재배지를 (표 23)에서 보면 토양이 산성이고 유기물함량이 우리나라 밭토양의 평균치인 24g/kg보다도 매우 낮다. 흙이 산성이면 낮은 pH에서 알루미늄(Al)이 많이 녹아나와 독성을 일으킨다. 필요한 양분의 유효도는 중성 부근에서 가장 높은데 산성에서는 각종 양분의 유효도가 떨어지고 염기함량이 낮아져서 마늘에 영양결핍이 생긴다. 마늘의 인산 적정함량은 300~500mg인데 (표 24)에서와 같이 우리나라 주산지 토양의 대부분에서 많은 것으로 나타났다. 따라서 토양검정에 의한 인산의 적정량 시비가 필요하다. 미량요소 중에 몰리브덴(Mo)은 잘 녹지 않아서 부족한 편이다. 이와 반대로 구리, 철, 아연, 납, 망간 등은 너무 많이 나와 독으로 작용한다.

표 23 생육불량 마늘 재배지 토양의 이화학적 성질

지역	pH (1:5)	유기물함량 (g/kg)	인산함량 (mg/kg)	염류농도 (dS/m)	Ex.-Cations(cmol(+)/kg)		
					K	Ca	Mg
남해 밭1	5.1	10	431	0.17	0.86	5.42	1.95
남해 밭2	4.7	26	787	0.25	1.73	5.10	1.66
단양 밭1	3.5	11	656	0.16	1.42	2.19	0.67

표 24 마늘 주산단지의 토양분석 결과

지역	성분구분	pH (1:5)	유기물함량 (g/kg)	인산함량 (mg/kg)	염류농도 (dS/m)	Ex.-Cations(cmol(+)/kg)		
						K	Ca	Mg
무안	논	5.7	3.2	769	0.29	1.42	10.2	3.06
	밭	5.6	2.4	741	0.20	1.42	7.02	2.23
남해	논	5.9	3.6	572	0.28	1.43	11.78	3.11
	밭	5.5	2.9	993	0.43	2.04	9.35	1.63
서산	논	6.0	2.6	473	0.21	0.97	9.96	2.49
	밭	6.0	2.8	928	0.27	1.56	11.10	2.19
삼척	논	5.7	3.8	829	0.17	0.81	8.97	1.53
	밭	5.7	3.8	1,015	0.39	1.31	10.00	1.77
의성	논	5.4	2.7	825	0.21	0.81	7.79	2.04
	밭	5.5	2.1	966	0.27	0.97	8.09	2.14
단양	논	6.6	2.9	514	0.15	1.12	12.51	3.26
	밭	6.7	2.4	576	0.17	1.39	8.84	4.00

석회는 매년 뿌려 줄 필요는 없으며, 한 번 pH 6.5를 목표로 하여 석회를 살포하여 개량하면 4년 동안 그 효과가 지속된다.

석회는 아주 천천히 녹아 나오므로 다 녹아 다시 산성으로 되기까지는 3년 정도 걸린다. 석회를 뿌려 산성을 개량한 다음에는 3년쯤 지나서 산도를 측정하여 보는 것이 좋다. 또한 석회를 뿌릴 때는 밭 전면에 고루 뿌리고 흙과 잘 섞이도록 경운을 해 주는 것도 중요하다. 흙과 골고루 섞일수록 산성을 개량하는 효과가 크기 때문이다.

석회는 대표적인 알칼리성 비료이므로 황산암모늄과 인산, 축분 등과 접촉하면 비료의 효과가 떨어지기 때문에 살포 2주 전에는 석회시비를 끝내야 한다. 석회질 비료를 주는 적기는 가을부터 이른 봄까지이다.

시군 농업기술센터나 농협에서 토양산도를 측정해 주므로 분석할 흙을 채취하여 가져가면 석회요구량을 알 수가 있다. 석회를 주었어도 큰 효과를 얻지 못하는 경우가 있는데 그 이유는 요구량에 맞추어 석회를 주지 않았기 때문이다. 석회 100kg/10a을 시용하라는 처방이 나왔는데 50kg/10a만 주었을 경우 효과가 50%가 나오느냐 하면 그렇지가 않다. 이런 경우에는 효과가 거의 안 나오는 수가 많다. 2알씩 먹으라는 약을 1알만 먹었을 때 감기가 50%가 낫느냐 하면 그렇지 않은 것과 같다. 석회는 필요한 양을 다 충족시켜 주었을 때 효과가 있다.

마늘재배에 있어서 중요한 것 가운데 하나가 유기물 함량을 높이는 일이다. 대체적으로 흙에서 한 해 소모되는 유기물의 양은 논에서는 500~600kg/10a 정도이며, 밭에서는 600~2,000kg/10a 정도가 소모되는 것으로 알려져 있다. 우리나라 흙 속의 유기물 함량이 30g/kg 이하이므로 가능하면 매년 1,500~2,500kg/10a 정도 넣는 것이 좋다.

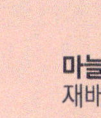

마늘
재배

02 품종 및 재배작형

Growing Garlic

가 품종

우리나라에서 재배하는 마늘은 꽃이 피지 않거나 꽃이 피어도 열매를 맺지 않아 교잡에 의한 품종개량이 어렵지만 지역단위로 생태종이 분화되어 있어서 그 지역의 환경에 알맞은 품종이 수년 동안 재배되고 있다. 마늘은 일반적으로 재배습성상 생리·생태적 분류를 많이 하는데, 우리나라는 보통 한지형과 난지형으로 구분하며 이는 휴면성·발아기·숙기의 차이 등으로 나타난다. 즉 한지형은

〈그림 7〉 국내종과 도입종 마늘 형태

휴면이 길고 발아가 늦으며, 중만생종으로 대개 인편 수가 적다. 반면에 난지형 마늘은 휴면이 빠르며 발아도 빠르고, 대부분 조생종으로 인편 수가 많은 편이다.

구 비대에 있어서도 한지형은 난지형에 비하여 일장의 감응도가 상대적으로 긴 일장을 필요로 한다.

(1) 난지형 마늘

한지형에 비해 휴면이 짧아 8월 하순부터 9월 상순에 뿌리내림이 시작되며 파종 후 곧 싹이 트고 생장이 계속되어 상당히 자란 상태에서 월동한다. 꽃차례 및 마늘쪽의 분화도 빠르고 숙기가 빨라 대부분 조생종에 속한다.

마늘쪽은 10~12쪽이고 매운맛이 적으며 저장성이 약하다. 현재 조숙 다수성인 남도마늘의 도입으로 재래종은 거의 재배되지 않고, 남도마늘이 70~80%, 대서마늘이 5%, 자봉마늘이 소량 재배되며, 재래종은 10~15% 정도이다. 최근 들어 깐마늘 판매가 늘어남으로 인해 대서마늘의 면적이 확대되고 있다.

가. 남도마늘

1) 육성경위

1976년 홍콩에서 가정백을 도입하여 1977~1980년에 남해, 해남, 제주 등 3개 지역에서 생산력을 검정하고 1981~1983년 우량품종으로 선발, 증식하여 1983년부터 남도마늘로 명명하여 농가에 보급되었다.

2) 특성

남도마늘은 겨울을 나기 전에 잎이 자라 올라와 겨울을 경과한 후 봄에 꽃대가 올라온다. 재배지역은 제주도, 전남 및 경남 해안의 따뜻한 지역 그리고 충남, 태안, 서산 지역에서 재배되고 있다. 주로 풋마늘 및 조기 햇마늘용으로 재배한다. 지역에 따라 약간의 차이는 있으나 파종기는 9월 하순이며 수확기는 6월 상순경이다. 생구중은 30~35g 정도이며 10a당 수량은 1,450~1,600kg이다.

재배상의 유의점은 얕게 심으면 열구가 많이 생기므로 적당한 깊이로 파종하고 적기에 수확하는 것이 좋다.

나. 대서마늘

1) 육성경위

  1983년 경남 창녕지역의 농업인들이 재배하던 스페인 마늘을 1985~1986년에 경남 농촌진흥원에서 품종비교 시험결과 그 성능이 우수하여 1986년 극조생성 대서마늘로 이름 붙이고, 1987~1988년 시범사업을 거쳐 보급된 품종이다.

2) 특성

  대서마늘은 월동하기 전에 잎이 자라 올라와 겨울을 지나며 봄에 꽃대가 올라오는 극난지형으로 생구중이 50~60g 정도로 매우 크며, 재배는 남부지역과 일부 동해안 해안지대에 재배되고 있다. 단경기 출하용으로 재배되며 파종기는 9월 중순경이고 수확기는 5월 중순경이다. 10a당 수량은 2,200~2,300kg이며, 최근 깐마늘을 소비자들이 선호하여 재배면적이 늘고 있다. 대서마늘은 2차 생장이나 통터짐이 전혀 발생하지 않으나 조직은 치밀하지 못하여 저장성이 떨어진다.

다. 자봉마늘

1) 육성경위

  1976년에 인도네시아에서 재배되고 있는 조생종 마늘을 도입하여 1976~1977년에 품종특성조사 결과 그 성적이 제주재래보다 우수하여 1977~1983년 제주에서 지역 적응성 검정시험을 거쳐 1983년 극조생종 자봉마늘로 이름을 붙였다. 현재는 거의 재배되지 않고 있다.

2) 특성

  월동하기 전에 잎이 자라 겨울을 지나며 불완전 추대성인 극조생종이다. 재배지역은 제주지역에 적합하나 재배면적이 점차 줄어드는 추세이다. 파종기는 8월 하순경이며 수확기는 4월 중순경으로 주로 겨울 출하용 풋마늘 또는 4월 생산 햇마늘용으로 재배되고 있다. 10a당 수량은 1,700~1,800kg 정도이며 숙기는 아주 빠르나 구(인편) 모양이 불균일하다.

표 25 마늘의 주요 품종별 특성

품종명	생태형	추대성	인편 수	재배지역	파종기	수확기	원산지
서산종	한지형	완전추대	6~8	중부해안	10월 중하순	6월 하순	재래종
의성종	한지형	완전추대	6~8	중부내륙	10월 중하순	6월 하순	재래종
단양종	한지형	완전추대	6~8	중부내륙	10월 중하순	6월하순~7월상순	재래종
제주종	난지형	완전추대	9~10	제주도	8월 하상순	6월 상순	재래종
해남종	난지형	완전추대	9~10	남부해안	8월 하순	6월 상순	재래종
남도마늘	난지형	완전추대	6~8	남부	9월 하순	6월 상중순	중국
대서마늘	극난지형	완전추대	12~13	남부	9월 하순	5월 중순	스페인
자봉마늘	극난지형	불완전추대	10~11	제주도	8월 하순	4월 중순	인도

(2) 한지형 마늘

휴면기간이 길고 뿌리내림이나 움트는 것도 매우 늦다. 파종 후 뿌리는 내리지만 월동 전에 싹이 트지 못하고, 해동하면서 싹이 출현한다. 한지형은 난지형에 비해 숙기가 늦은 만생종 계통이며, 마늘쪽 수는 6~8개 정도이고 매운맛이 강하며 저장성도 좋다.

(3) 신품종 마늘

농촌진흥청에서 육성한 마늘 신품종은 다산, 화산, 산대, 풍산, 천운, 대주, 홍산, 한산 등 총 8종이며 각각 고유한 특성을 지닌다. 기존 한지형 재배종인 단양이나 의성은 난지형 재배종인 남도와 비교했을 때 수분함량은 비슷한 경향을 보인다. 지방의 경우 한지형인 단양, 의성에 비해 홍산, 풍산, 대주는 함량이 적고 여타 다른 품종의 경우 비슷한 수준이다. 단백질 함량은 다산, 화산, 대주, 풍산이 10% 이상으로 재래종보다 높은 함량을 나타낸다.

당도는 남도가 한지형 재래종인 단양과 의성보다 높은 것으로 나타났고, 또한 원예원 육성 신품종 8종 모두 남도와 비슷한 당도를 보였다. 미량원소 함량은 칼륨의 경우 다산에서 가장 높은 함량을 보였고, 인은 풍산에서 함량이 가장 높았다. 마그네슘의 경우 풍산, 칼슘은 다산, 나트륨은 단양, 철은 화산, 아연은 화산, 망간은 다산에서 가장 높은 함량을 보였다.

마늘에서 널리 알려진 기능성 성분인 알리인 함량의 경우 한산과 화산이 기존 재배품종보다 높게 나타났으며 홍산 등 6종은 기존 재래종과 비슷한 함량을 보였다. 총 페놀 함량의 경우 홍산, 다산, 풍산, 대주 등에서 함량이 높았고 총 플라보노이드 함량의 경우 다산에서 두드러지게 높게 나타났다.

나 품종선택

우리나라 마늘은 가을에 인편이나 주아를 파종하여 겨울을 지나는 2년생으로 지역에 따라 월동 전 또는 월동 후 싹이 나와 봄에 잎이 왕성하게 생장하여 고온장일 조건에서 지상부의 생장이 정지되면서 구(인편)가 비대 발육하여 초여름에 수확하게 되는 생활환을 가지고 있다.

난지형 마늘은 휴면이 짧고 저온요구도가 낮으며, 숙기가 빨라 조숙재배나 냉장처리에 의한 촉성재배에 유리하다. 반면 한지형은 난지형에 비해 휴면이 길고 숙기가 늦은 만생종이며, 인편 수가 적고, 품질과 저장성이 좋다. 따라서 마늘의 품종 선택요령도 지역이나 재배목적에 따라 달라져야 하는데 지역에 따라서 남부해안 및 도서지역에서는 난지형 마늘인 여러 쪽 마늘, 중북부지방에서는 한지형인 여섯 쪽 마늘을 선택하여 재배한다.

한지형을 난지에서 재배하면 저온요구도가 불충분하여 구 비대가 불량해지고 반대로 난지형을 한지에서 재배하면 동해를 받아 생육이 저조하고 수량이 감소하므로 그 재배지역의 환경조건을 고려한 후 우량 품종을 선택하여 재배하도록 한다. 재배목적별로는 풋마늘이나 햇마늘 생산을 목적으로 할 때는 휴면기간이 짧은 난지형, 저장을 목적으로 할 때는 한지형 마늘을 선택하여 재배한다.

마늘은 영양번식을 하는 작물로 우리나라에 재배되고 있는 품종의 대부분이 바이러스에 감염되어 수량이 낮고 품질이 떨어진다. 바이러스에 걸리지 않은 마늘이나 감염 정도가 낮은 마늘을 씨마늘로 이용하면 수량과 품질을 향상시킬 수 있다. 현재 의성, 단양 등지에서 주아를 이용한 씨마늘 생산은 바이러스 감염 정도를 25% 정도 낮출 수 있는 좋은 방법이다. 또한 조직배양(생장점 배양)을 통하여 생산된 마늘은 바이러스 감염 정도가 낮아 (표 26)와 같이 4년까지는 17% 이상 수량을 증가시킬 수 있다.

표 26 조직배양 건전종구 이용 시의 증수효과

품종명	1990년		1989년	
	수량(kg/10a)	지수	수량(kg/10a)	지수
무병종구(망실)	1,287	158	1,141	205
재배 1년	1,077	133	978	175
재배 2년	1,028	127	918	165
재배 3년	1,022	126	819	147
재배 4년	952	117	721	129
재배 5년	888	109	-	-
재배 7년	771	95	-	-
이병종구	821	100	557	100

※ 품종 : 서산, 단양, 의성종 무병종구

무병주 인공씨마늘

토양에서 1회 재배한 무병주 씨마늘(조직배양)

〈그림 8〉 마늘 조직배양 무병종구

다 재배작형

마늘의 재배작형에는 보통재배, 조숙재배, 풋마늘재배, 봄마늘재배법 등이 있다. 현재 농가에서 재배 가능한 주요 작형은 (표 27)과 같다.

표 27 마늘의 주요 재배작형

작형	파종기	수확기	재배지역	적응품종
보통재배(한지)	10월상순~10월중순	6월중순~7월상순	중부지방	서산, 의성, 단양, 삼척종
보통재배(난지)	9월중순~10월상순	5월하순~6월상순	남부지방	남도마늘, 남해, 고흥종
조숙재배	9월상순~9월하순	4월하순~5월중순	제주, 남해안	자봉, 남도마늘, 제주종
풋마늘재배	8월하순~9월하순	12월상순~3월하순	"	제주, 남해, 고흥, 서천종
봄마늘재배	3월상순~3월하순	6월상순~7월중순	남부, 고랭지	한지형 마늘

(1) 보통재배

보통재배는 우리나라 전역에서 가능하며 논이나 밭에서 PE필름, 짚 또는 왕겨 등을 멀칭하여 재배하는 작형이다. 남해안 연안과 도서지방 그리고 제주도는 9월에서 10월 상순에 파종하여 6월 상순에 수확하고, 중부내륙지방은 10월 상중순경에 파종하여 6월 중하순에 수확한다. 마늘 주산단지인 남해, 의성지방은 주로 논에서 재배하고 단양, 무안, 서산 등은 밭마늘이 많으며, 밭재배지역에서는 뒷그루 작물로 콩, 옥수수, 배추 등을 재배하고 있다. 뒷그루 작물의 수확이 늦을 경우 파종기의 지연으로 월동률이 떨어져 수량이 감소되므로 한지형지역에서는 적기 파종이 중요하다.

마늘은 수확 후 바로 생구로 50~100개 단위로 묶어서 판매하거나 수확 후 1~2일 건조한 것을 음건하여 저장한 후 건구로 판매한다.

수량은 품종이나 파종 거리 등 지방에 따라 다르나 난지형은 10a당 900~1,300kg, 한지형은 650~800kg 내외인데 건구는 생구의 25~30% 정도 감량된 수량이다.

(2) 조숙재배

조숙재배는 겨울철이 온난한 남부해안 및 제주도지방이 유리하며, 보통재배보다 수확이 한 달 정도 앞선다. 조숙재배는 난지형 조생품종을 이용하며 8월 하순부터 9월 상순경에 파종하여 12월 하순부터 1월에 비닐터널에 멀칭하고 4월 하순부터 5월에 수확하는 작형이다. 남부지방에서 고흥종을

〈그림 9〉 하우스를 이용한 마늘 조숙재배

이용하여 재배조건별 파종시기에 따른 풋마늘의 수확기별 수량은 다음 (표 28)과 같다.

비닐터널 재배는 날씨가 좋아지면 터널 내부의 온도가 높아져서 고온장해를 받을 염려가 있으므로 4월 중순 이후는 비닐을 제거하여 준다. 중부지방에서도

해동 직후 싹이 나온 뒤 추비한 다음 비닐멀칭 재배를 하면 초기에는 생육이 현저히 빠르고 양호하나 후기에는 점차 그 차이가 감소된다. 비닐멀칭 재배 시 토양의 온도가 높아지고 수분상태도 양호하여 생육의 진전도가 빨라서 숙기도 다소 빠르나 벌마늘이 발생하기 쉬우므로 조심해야 한다.

표 28 남부지방에서 파종기와 재배조건에 따른 풋마늘 수량

파종기	재배조건	수확기별 풋마늘 수량(kg/10a)		
		2월 10일	3월 20일	4월 30일
8월 27일	노지	809	847	2,147
	PE하우스	1,471	1,714	2,899
	PE터널	1,246	1,543	2,816
11월 20일	PE하우스	507	599	1,117
	PE터널	428	480	1,194
1월 20일	PE하우스	155	177	402
	PE터널	105	147	372

※ 품종 : 고흥종, 파종거리 : 20×10cm

(3) 풋마늘 재배

남부해안 및 제주지방 등 온난지대에서 난지형 조생품종을 8월 중하순부터 9월 상순에 6×6cm 정도로 밀식하여 1월 하순부터 5월 상순의 기간에 수확하여 출하하는 작형으로 수요는 그리 많지 않으나 튀김과 함께 육류요리에 많이 쓰인다.

〈그림 10〉 풋마늘재배(터널재배)

최근에는 중부지방에서도 겨울 동안에 비닐하우스를 이용하여 풋마늘을 재배하는 농가가 늘고 있다. 이 경우 난지형 남도마늘을 9월 상순에 파종거리 10cm×10cm로 하여 파종하면 11월 중하순경에 판매할 수 있는데 주의할 점은

파종할 남도마늘을 반드시 저온(5℃ 이하)에서 3주 이상 저장하여 휴면을 타파하고 파종하여야 출현이 고르고 작황도 좋다.

풋마늘 출하를 목적으로 재배하더라도 수요와 시장가격을 고려하여 밀식으로 파종한 후 시기적으로 솎아서 출하를 조절하고, 일부는 적당한 파종거리를 유지하여 재배한 후 건구용으로 수확할 수 있다.

(4) 봄마늘 재배

봄마늘 재배는 가을에 파종기를 놓쳤거나 겨울 동안 한랭건조하여 파종하지 못했을 경우에 재배한다. 봄에 파종하더라도 해동과 동시에 일찍 파종하면 가을에 파종한 것보다는 수량이 떨어지나 상당한 수량을 얻을 수 있다. 그러나 봄에 파종기가 늦으면 늦을수록 인편 수도 적고, 구의 무게가 감소하여 수량이 떨어진다. 재배는 중부지방에서도 가능하다(그림 11). 그러나 봄까지 마늘을 종구용으로 저장할 때 30% 이상이 부패되고, 저온저장고에 장기 저장하면 씨마늘(종구)은 2차 생장(벌마늘)이 많이 생기므로 부득이한 경우가 아니면 재배하지 않는 것이 좋다.

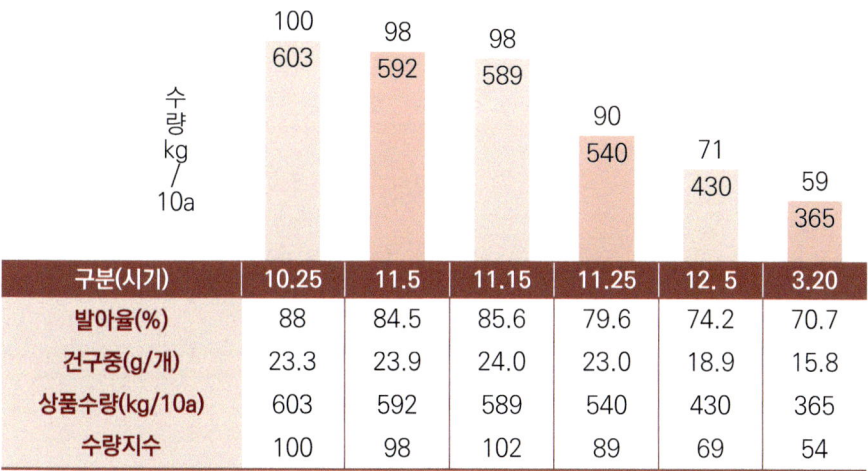

구분(시기)	10.25	11.5	11.15	11.25	12. 5	3.20
발아율(%)	88	84.5	85.6	79.6	74.2	70.7
건구중(g/개)	23.3	23.9	24.0	23.0	18.9	15.8
상품수량(kg/10a)	603	592	589	540	430	365
수량지수	100	98	102	89	69	54

※ 시험장소 : 단양, 품종 : 단양 재래종

〈그림 11〉 파종시기별 수량(충북)

03 재배관리

가 씨마늘 준비

(1) 씨마늘 고르기

마늘재배에서 가장 중요한 문제는 씨마늘 선택이다. 다음 사항에 유의하여 씨마늘을 고른다.

가. 지역과 기후조건

마늘은 오랜 기간 동안 영양번식을 거쳐 그 지역의 환경과 풍토에 적응한 하나의 품종으로 성립되어 왔으므로 품종을 고를 때는 가급적 그 지방의 환경조건에 맞추어 우량품종을 선택하는 것이 유리하다. 한지형 마늘을 난지에서 재배하면 저온요구도가 충족치 못하여 구 비대가 불량해지고 수량이 크게 떨어진다. 난지형 마늘을 한지에서 재배하면 겨울 동안 언 피해를 받아 출현율이 낮을 뿐 아니라 월동 후 생육이 지연되어 수량이 감소된다.

또한 비슷한 생태형 마늘의 재배지역이라도 기후조건이 아주 다른 곳의 마늘을 가져와 심게 되면 생리장해가 나타나게 된다. 따라서 마늘을 바꾸고자 할 때는 인근지방의 우수한 씨마늘을 구입한다.

나. 건전한 씨마늘

마늘은 인편 번식을 하므로 전년도 재배지에서 감염되었던 병해충 등이 다음 대로 전염된다. 특히 바이러스병은 대부분 감염되어 있다. 따라서 수확되기 전 재배지에서 생육으로 건전 여부를 확인할 뿐만 아니라 씨마늘 상태에서도 검정해야 한다.

대개 녹병과 곰팡이에 의한 부패병 그리고 선충이나 응애가 전염되므로 인편의 외관 및 뿌리 부분이 건전한지를 확인하여야 한다. 그리고 상처 부위를 통하여 병균이 침투해 썩게 되므로 상처 유무를 확인하여 마늘이 말라서 수축되어 있거나 뿌리를 손으로 잡아당겨서 떨어지면 종구로서 충실하지 못한 것이다. 작은 것보다는 큰 것이 건전하다.

다. 양질의 씨마늘

마늘의 수량은 파종한 씨마늘 크기와 거의 정비례하므로 한지형 마늘은 4~5g, 난지형 마늘은 5~7g이 적당하며, 너무 크면 벌마늘이 되기 쉽다. 따라서 지나치게 큰 마늘은 상품으로 파는 것이 보다 경제적이다. 또한 인편의 폭이 좁은 것, 뿌리

〈그림 12〉 마늘쪽을 2개 이상 파종 시 생긴 기형마늘

부분이 좁은 것 그리고 한 쪽에 몇 개의 쪽이 붙어 있어서 모양이 바르지 못한 것 등은 좋은 씨마늘이 될 수 없다. 또 파종 전에 쪽을 하나하나 완전히 분리하지 않고 파종할 때는 (그림 12)와 같이 기형마늘이 많이 생기므로 쪽을 완전히 분리하여 파종한다.

(2) 씨마늘 필요량

씨마늘 필요량은 품종과 재배지 및 파종거리에 따라 다르나, 보통재배인 경우에는 10a당 210~260kg(55~75접) 정도 필요하므로 파종면적에 맞도록 사전에 준비하여야 한다. 국내종 중에서 의성, 서산, 단양, 삼척 등지의 한지형 마늘은 쪽수가 6~8개 정도로 평균 인편중이 난지형 마늘에 비하여 무거우며, 제주, 남해 등지의 난지형 마늘은 쪽수가 10개 이상으로 평균 인편중이 가볍다. 난지형 재배지대는 재배 작형도 풋마늘용의 밀식재배를 하는 경우가 많으므로 이 같은 점을 고려하여 종구 필요량을 확보하여야 한다.

표 29 ▶ 쪽의 크기와 수량 및 벌마늘(2차 생장)과의 관계

쪽의 크기	구의 쪽수	구중	2차 생장(벌마늘) 발생수율
4.5g	3.1개	27.7g	3.3%
7.5g	4.0개	37.8g	6.7%
10.8g	4.4개	49.6g	40.6%

표 30 ▶ 씨마늘 필요량

구분	한지형		난지형	
	보통재배	밀식재배	풋마늘재배	보통재배
심는 거리(cm)	20×10	15×10	20×10	15×10
씨마늘 필요량(접)	70~80	80~90	60~70	80~90

(3) 씨마늘 소독

마늘에서 발생되는 잎마름병, 흑색썩음균핵병, 선충, 응애 등은 씨마늘을 통해서도 감염되므로 건전한 씨마늘이라 하더라도 반드시 소독하는 것이 좋다. 소독방법은 파종 1일 전 씨마늘을 양파자루에 넣어 종구소독용 적용약제를 이용, 1시간 담갔다가 그늘에 말린 후 파종한다. 소독할 씨마늘이 많을 경우는 2~3일 전에 미리 소독·건조한 후 파종하여도 된다.

나 파종

(1) 본포 준비

　마늘의 뿌리는 곧고 깊게 자라므로 파종 1~2주일 전에 퇴비와 석회를 포장 전면에 골고루 뿌린 다음 깊게 간다. 파종 1~2일 전에 화학비료 및 토양살충제를 고루 뿌리고 골 작업을 한다. 이때 피복용 비닐규격이나 최근에 많이 보급된 트랙터부착용 수확기계 이용 시는 규격에 따라 이랑너비를 120~140cm로 결정한다. 배수가 불량한 논의 경우에는 이랑은 다소 높게 하고 배수로를 두어 습해를 방지한다. (그림 13)의 (가)와 (나)는 난지형 지역에서 일반적으로 파종하는 형태이며, (다)와 (라)는 한지형 지역에서 관리기계나 소를 이용하여 골을 만든 후 파종하는 형태이다.

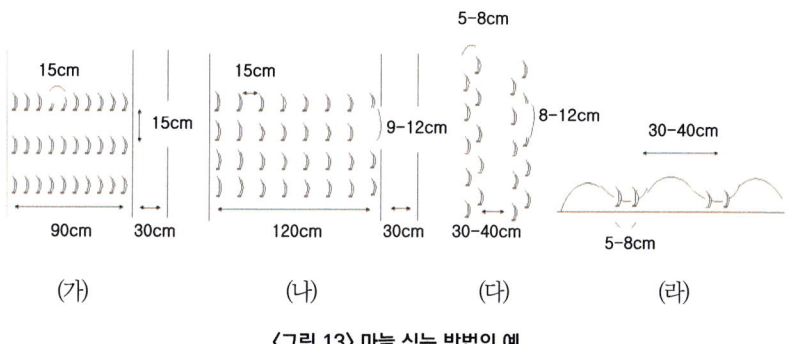

〈그림 13〉 마늘 심는 방법의 예

(2) 파종시기

파종시기는 재배품종 및 재배형태에 따라 다르나 보통재배를 하는 경우 난지형 품종을 재배하는 남부해안 및 도서지방에서는 8월 하순경부터 파종하고, 한지형 품종인 중만생종을 재배하는 중부내륙지방에서는 10월 상순경부터 파종한다.

표 31 마늘의 파종시기별 지하부 생육

파종기	조사 개수(개)	추대 수(개)	열구 수(개)	총 무게(g)	구 무게(g)	인편 수(개)
9월 20일	40	40	16	6,805	2,158	10.3
10월 20일	40	40	20	6,295	1,930	9.9
11월 20일	40	37	21	6,165	1,605	9.4
12월 20일	40	39	6	5,020	1,440	9.8
2월 20일	40	39	20	5,475	1,530	9.1
3월 20일	40	32	10	4,090	1,205	6.8
4월 20일	40	0	1	1,895	472	3.1

※ 시험장소 : 진주, ※ 품종 : 진주 지방 재래종

표 32 마늘 파종시기별 생육 및 수량(충북)

파 종 기	초장(cm)	엽초경(mm)	2차 생장률(%)	건구중(g/구)	수량(kg/10a)	지수
10월 25일	71	9	11	23	676	100
11월 5일	70	9	11	24	665	98
11월 15일	69	9	11	24	667	98
11월 25일	64	9	11	23	604	89
12월 5일	63	8	8	19	464	69
3월 20일	62	7	3	16	365	54

※ 시험장소 : 단양
※ 품종 : 단양재래종

너무 일찍 파종하면 고온기에 부패 등으로 오히려 나쁜 영향을 주게 된다. 파종기가 늦으면 기온이 낮아 뿌리내림이 나빠져서 건조 및 추위에 피해를 입기 쉬우며 월동 후 초기 생육이 불량하여 감수의 원인이 된다. 논재배를 하는 곳에서는 벼를 수확하고 난 다음에 마늘을 파종하여야 하므로 파종기가 늦지 않도록 각별히 주의해야 한다.

파종기는 각 지방의 기상조건과 품종에 따라 다르다. 남해연안 이남의 지방에서는 9~10월에 파종되고 있는데, 이들 지방에서 재배되는 마늘은 수확기가 빠르고 휴면도 빨리 끝나므로 발근과 발아가 빠르다. 그러나 파종기가 빠르면 2차 생장의 원인이 되고, 또 고온시기이므로 바이러스의 피해가 많아진다. 내륙 및 고위도 지방에서 재배되는 마늘은 9월 하순부터 10월이 적기이며, 논재배 지역에서는 일찍 파종하는 것이 좋다. 파종시기에 따라 수량과의 관계를 진주지방의 시험성적에서 보면 9월 하순에 심는 것이 가장 많고, 결빙기인 12월에 심는 것이 가장 적었다.

최근에 중부지방에 마늘 후작물의 수확이 늦어져 12월 상순에 파종하는 경우가 있는데 한지형은 늦어도 11월 하순까지는 파종하는 것이 바람직하다.

(3) 심는 거리

마늘은 곧게 자라므로 밀식에 견디는 힘이 강하다. 배게 심을수록 단위면적당 수량은 증가하나, 마늘통이 작아져 상품가치는 떨어진다. 마늘을 심는 거리는 줄 사이 20cm(잎마늘 15cm), 포기 사이 10cm가 알맞으며, 120cm 이랑에 골 폭을 30cm로 하면 10a당 40,000개의 마늘쪽, 40cm인 경우는 37,500개의 마늘쪽을 파종할 수 있다.

표 33 마늘 주산단지별 재식 밀도(충북)

지역	재배지	파종기	재식밀도
무안	논	10월 중하순	180cm(20×10cm) 백색유공비닐
	밭	9월 하순~10월 상순	〃
남해	논	10월 상중순	180cm(17~18×9~10cm)
	밭	9월 하순~10월 상순	180cm(25~28×5~8cm)
서산	논	10월 중순	120~130cm(25~27×8~9cm)
	밭	10월 중순	120~130cm(22×9~10cm)
삼척	논	10월 중순	120cm(22×8~11cm)
	밭	10월 중순	〃
의성	논	10월 중순	300cm(15~17×10cm)
	밭	10월 중순	300cm(14~20×9~13cm)
단양	논	10월 중순	200cm(30×7~8cm)
	밭	10월 중순	130~140cm(30×7~8cm)

현재 (표 33)에서와 같이 주산단지마다 심는 거리가 다르므로 앞으로 기계 수확을 위해서는 심는 거리를 120~140cm×7~15cm 정도로 하는 것이 유리할 것이다.

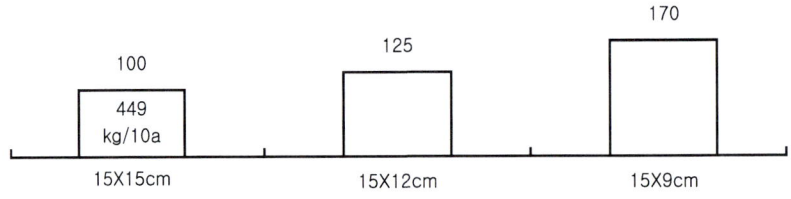

〈그림 14〉 심는 거리와 수량 (원시, 1969)

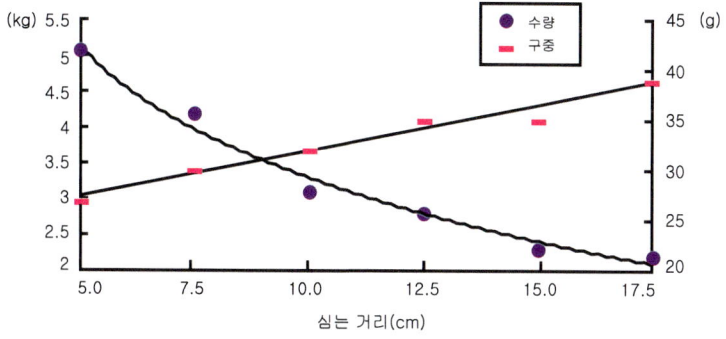

〈그림 15〉 심는 거리와 수량과의 관계

(4) 파종방법

파종량과 심을 거리가 준비되면 마늘쪽의 뿌리는 밑으로, 발아부는 위로 심는 것이 중요한데, 이때 특히 뿌리가 상하지 않도록 가볍게 심어야 한다. 발아부가 옆으로 비스듬하다든지 밑으로 향한다든지 하면 발아가 늦어질 뿐 아니라 수확한 구의 모양이 좋지 않다. 심는 깊이는 마늘 인편(쪽) 길이의 2~3배 정도 또는 5~7cm가량 복토하는 것이 알맞다. 이보다 더 깊이 복토하면 통이 작아지기 쉽고, 얕게 심으면 겨울 동안의 건조해와 벌마늘이 많아진다. 그리고 복토한 다음에는 가볍게 흙을 다져서 모세관 작용이 잘되도록 해준다. 중북부 지방에서 비닐을 피복하지 않을 경우에는 볏짚, 낙엽, 두엄 등으로 덮어주는 것이 좋다.

마늘의 구(球)는 땅속에 생기므로 너무 깊이 심거나 얕게 심으면 좋지 않다. 즉 발근부위가 지하 5cm 정도에 위치하도록 심어야 하는데 옆으로 비스듬히 심거나 거꾸로 심으면 구의 모양이 비틀어져 상품가치가 떨어진다(그림 16).

너무 깊게 심으면 싹이 늦게 나오고 또 너무 얕게 심으면 월동 시 마늘쪽이

바르게 심었을 때

옆으로 심었을 때

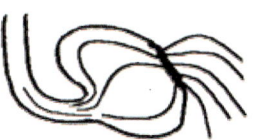
거꾸로 심었을 때

〈그림 16〉 재식방법에 따른 구의 행태

땅 위로 솟아 한해 및 언 피해를 입기 쉬울뿐더러 잡초 제거 시에 뿌리나 잎 부위가 상하는 경우가 많다.

 거름주기

(1) 마늘 생육 및 양분흡수

파종 후 뿌리를 내리면서부터 마늘이 양분을 흡수하는 시기가 시작된다. 처음에는 주로 씨마늘의 저장양분에 의존하나 월동 후 봄이 되어 생육이 진전됨에 따라 흡수량도 상대적으로 늘어난다. 그 후 추대기까지 각 양분이 활발히 흡수되다가 구가 비대하기 시작하면 잎의 생육이 중지되고 양분의 흡수도 멈추게 된다. 잎에서 생성된 양분은 구가 비대할 때 쪽으로 이행되어 축적되므로 마늘구의 비대가 좋고 나쁨은 구(球)가 비대하기 전까지 마늘잎의 생장량이 좋고 나쁨에 좌우된다. 따라서 적기에 파종하고 충분히 생육할 수 있도록 추비시기 및 추비량에도 특별히 주의를 기울여야 한다. 마늘은 내비성이 비교적 강한 작물로 비료의 양을 늘리면 그에 따라 수량도 늘어나지만 질소질 비료는 식물체가 연약하게 자라 웃자라게 되어 병해충의 발생이 많고 2차 생장(벌마늘)의 발생이 많아질 우려가 있다.

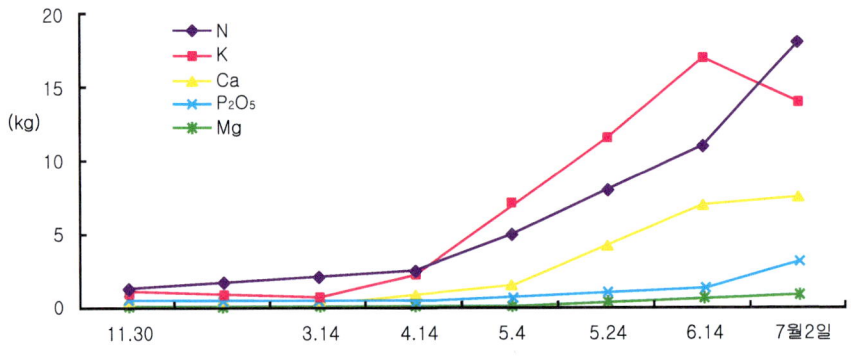

〈그림 17〉 마늘의 생육시기별 양분 흡수(10a당)

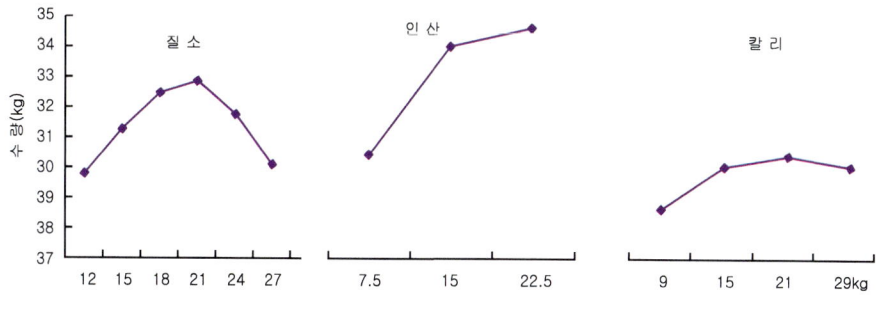

〈그림 18〉 마늘의 시비와 수량과의 관계

비료의 흡수량은 질소가 가장 많고, 칼리, 석회, 인산, 고토의 순서인데 시기별 비료 흡수량(그림 17)을 보면 칼리는 4월에서 6월까지는 질소보다 많고, 6월 이후에는 감소한다. 퇴비는 비료효과 이외에 통기(通氣) 및 보수력을 증진하는 등 토양 물리성을 좋게 하는데, 미숙퇴비를 사용하면 썩을 때에 주위의 토양산도를 급격히 변화시켜 작물에 피해를 주며 또 냄새로 인하여 고자리파리 등 해충을 유인하여 큰 피해를 입게 된다.

표 34 ▶ 마늘 시비량

(kg/10a)

비종	총량	밑거름	웃거름		
			1회	2회	3회
퇴비	2,000	2,000	-	-	-
석회	100~150	100~150	-	-	-
요소	54	20(20)	17(17)	17(11)	(6)
용과린	39	39(39)	-	-	-
황산가리	40	14(20)	13(10)	13(10)	-

※ ( )는 제주지방 거름 주는 양이며, 풋마늘 재배 시는 2회 웃거름까지만 준다.
※ 조기재배 및 난지형 비닐 덮기 재배 시에는 전량 밑거름으로 준다.

난지형의 추비는 3월 중하순경 비 오기 직전 비닐 위에 요소를 4~5kg/10a 사용하며, 한지형 마늘은 요소와 칼리를 전량의 1/3을 시비, 인산질 비료는 전량을 밑거름으로 준다. 웃거름은 비닐을 걷고 줄 때는 해빙기와 4월 중순에 주고,

비닐 위에 줄 때는 3월 상순부터 4월 중순까지 10일 간격으로 2~3회 나누어 시용하되 가급적 비가 오기 직전에 준다. 마늘은 황 성분을 많이 필요로 하기 때문에 염화칼리 대신에 황산칼리를 사용하면 품질이 향상된다. 10a당 시비량은 (표 34)과 같고 질소질 비료를 마늘쪽 분화기 이후에 주면 2차 생장의 발생이 많아지므로 4월 하순 이후에는 비료를 주지 않도록 한다.

마늘의 시비는 반드시 농업기술센터, 농협 등에 토양검정을 의뢰하여 그 결과에 의해서 뿌리는 것이 바람직하다.

(2) 비료의 역할

가. 질소

질소질은 식물이 생장하기 위한 주체로 원형질의 주성분인 단백질의 16%를 차지하고, 유기물의 건물중 성분 중 질소 비율도 5~30%이다. 질소비료는 수량에 크게 영향을 주며, 특히 잎이 자라나는 데 필요하지만 너무 과다하게 주면 수량이 오히려 줄고 저장력도 약해져서 저장 중 잘 썩을 뿐만 아니라 생육 중에는 2차 생장(벌마늘) 발생의 원인이 된다.

질소의 공급 시기는 수량에 크게 영향을 주기 때문에 마늘에서는 잎의 신장기에 필요하고 잎이 급속히 신장하는 시기에 공급해 줄 필요가 있다. 마늘은 양파와 같이 지상부의 잎에 축적된 영양분이 5~6월에 지하부로 이동이 되어 마늘쪽이 비대되기 때문이다.

작물이 흡수할 수 있는 질소의 형태는 질산과 암모니아이고 암모니아태 질소보다 질산태 질소가 좋다. 이들이 함유되어 있는 대표적인 비료는 요소와 유안으로 대부분의 화학비료에 들어 있다. 이들은 물에 녹아서 뿌리 가까이 가면 곧 흡수되어 효과가 나타나는 비료이다. 요소도 직접 흡수되는 것보다 암모니아나 질산으로 변해서 흡수되는 것이 많다.

유박이나 어비 등 기타 여러 가지 유기질 비료는 분해해서 암모니아 또는 질산으로 만들지 않으면 비효가 없다.

유기질 비료 중의 질소는 단백질과 그 외 질소를 포함하는 유기 화합물의 혼합물이다. 단백질은 분해되어 아미노산으로 되었다가 암모니아로 되며 그 다음에 질산으로 된다. 이와 같이 분해되어 처음으로 비료로서 유효하게 되므로 완효성 비료라고 한다. 유기질 비료를 사용하면, 그 비료가 가지는 화합물에 따라 분해 과정이 다르므로 그 화합물이 암모니아태, 질산태로 변하는 시기가 다른데, 이것이 비효를 오랫동안 유지시키는 이유이다.

〈그림 19〉 비료 공급

나. 인산

인산은 인을 함유하는 유기물질인 핵산, 핵단백질, 인지질 등 원형질의 주요 구성성분으로 세포의 생장·번식에 없어서는 안 되는 원소이다. 일반적으로 질소가 식물생장을 촉진시키고 성숙을 지연시키는 데 비해 인산은 성숙을 촉진시키며 근채류의 경우 근부의 비대를 촉진시킨다. 인산은 토양에 흡수가 되면 산성이 강한 토양(pH 5.0 이하)에서는 불가급태로 되어 비료의 효과가 나타나지 않으므로 토양산도를 중화시킨 후 시비해야 한다. 그러므로 인산 비료를 줄 때는 이미 토양 중에 흡수 공급되어 있는 인산비료의 형태와 작물의 종류에 따른 뿌리로부터 흡수 능력을 고려해야 한다. 인산은 뿌리내림을 촉진하는 효과가 있으므로 인산을 주는 시기는 마늘과 같이 가을에 파종하는 작물에서는 밑거름으로 사용해서 연내에 충분하게 발근신장을 시켜야 건조해로 인한 피해를 막을 수 있다. 인산은 토양 중에서 거의 이동하지 않으므로 웃거름으로 주는 것은 뿌리가 많이 퍼져 있는 장소에 도달하는 것이 곤란하고 효과가 적으므로 전량 밑거름으로 준다. 인산 비료의 종류로서 수용성 비료인 과석이나 용과린의 효과가 크고, 구용성 비료인 용성인비, 인산 2석회, 인산 3석회, 토마스인비의 효과는 좀 떨어지나, 다 같이 가용성 비료로서 많이 사용되고 있다. 왕겨, 유박 등에 함유되어 있는 인산은 유기태의 인산으로 분해되지 않으면 비효가 나타나지 않는다. 계분, 어비, 골분은 무기태의 인산인데, 이것 역시 분해하지 않으면 비효가 나타나지 않는다.

　전국 마늘주산단지의 토양분석 결과 (표 35)를 보면 마늘의 인산 적정함량인 300~500mg/kg보다 많은 것으로 나타났다. 인산이 과다 축적되었을 경우 질소의 흡수를 촉진하여 질소과잉 증세를 일으키는데 이를 막을 방법은 없다. 다만 인산이 없는 NK비료나 인산이 적은 복합비료를 사용하거나 단비를 주어야 한다. 대체로 흙에 인산이 1,000ppm 이상이면 인산비료를 시용하지 말고, 500~1,000ppm이면 추천량의 반을 시용하고, 500ppm 이하면 표준량을 시용토록 한다. 인산이 많이 축적되어 있어도 인산은 생육 초기에 꼭 필요한 성분이므로 뿌리내림 비료(着根肥)라 해서 성분량으로 3kg/10a을 주어야 한다. 이와 같이 흙 속에 인산이 충분히 있어도 뿌리내림 비료를 주는 이유는 흙 속에 있는 인산은 생육 초기의 연약한 뿌리로는 흡수하기가 어렵기 때문에 이보다 흡수하기 쉬운 화학비료를 시용하는 것이다. 인산이 결핍되면 잎은 일반적으로 암녹색이 되고 잎의 주변에 흑색의 반점이 생기며, 심할 경우에는 황색으로 된다. 일반적으로 질소가 식물의 성숙을 지연시키는 데 비하여 인산은 촉진시키며, 마늘 등 근채류에 대해서는 지상부 생육보다는 뿌리부분의 비대를 촉진시킨다.

　토양인산의 함량과 저장성과의 관계를 살펴보면, 토양인산이 적정량인 500mg/kg에서 수확한 마늘이 인산이 과다(1000mg/kg 이상)한 토양에서 수확한 마늘보다 상온저장이나 저온저장(0~2℃) 모두에서 좋은 것으로 조사되었다(원예원, 2000).

표 35 마늘 주산단지 토양의 이화학적 성질

지역	구분	전질소	산도	유기물 (g/kg)	염류농도 (ds/m)	인산 (mg/kg)	칼리 (mg/kg)	칼슘 (mg/kg)	마그네슘 (mg/kg)
무안	논	0.34	5.60	30.3	0.26	822	1.89	10.26	3.09
	밭	0.19	5049	25.2	0.15	773	1.47	6.15	1.81
남해	논	0.26	5.85	35.3	0.25	470	1.72	10.70	3.22
	밭	0.18	5016	25.5	0.49	1,190	2.03	6.40	1.21
서산	논	0.22	6.43	28.0	0.15	50	1.03	9.91	2.44
	밭	0.23	6.07	26.1	0.22	980	1.73	8.73	2.40
삼척	논	0.33	6.08	39.0	0.06	992	1.09	6.85	1.31
	밭	0.29	6.33	40.8	0.07	1,219	4.41	8.00	1.14
의성	논	0.21	5.23	25.0	0.15	915	0.74	5.90	1.60
	밭	0.18	5.15	19.5	0.17	1,152	1.05	4.98	1.68
단양	논	0.22	6.43	22.2	0.17	416	1.08	12.35	3.35
	밭	0.24	6.83	21.7	0.15	515	1.31	9.12	3.63

다. 칼리

칼리는 식물의 생장점, 형성층 및 측근발생조직과 생식기관이 형성되는 부분에 많이 함유되어 있어 각종 대사작용에 관여한다. 결핍되면 잎 둘레에 갈색 반점이 생기고 아래 잎부터 암녹색에서 적갈색의 반점이 생긴다. 특히 질소대사와 탄수화물대사에 이상을 초래한다.

마늘은 타작물에 비하여 칼리 흡수량이 많으며, 저장 중의 부패를 막아 주는 작용을 한다. 밑거름을 너무 많이 주면 석회나 마그네슘의 흡수를 상대적으로 감소시켜 결핍증을 일으켜 초기 자람이 나빠지는 등 오히려 수량이 낮아지는 경우도 있으므로 주의해야 한다. 칼리비료의 종류는 황산칼리, 염화칼리 등 화학비료와 퇴구비, 녹비, 초목회의 칼리 등이 있으며 모두 물에 녹아서 흡수된다.

라. 석회

　칼슘은 식물체 내를 이동하기 어렵고 주로 잎의 세포막 중에 많이 함유되어 있어 내병성을 증대시키는 역할을 하며 부족하면 생장점과 잎끝이 마르며 과실의 경우 끝부분이 썩는다.

　채소 가운데서 마늘은 칼리와 석회를 가장 많이 흡수하는 작물 중의 하나이다. 전작물의 재배에서 석회의 시용으로 중성에 가까운 토양에서는 석회의 시용이 불필요하나, 산성이 강한 토양에서는 중화용으로 석회의 시용이 필요하다. 화학비료를 매년 사용함에 따라 이들 비료가 원인이 되어서 토양 염기의 유실, 특히 석회가 토양으로부터 없어지기 때문에 산성토양으로 변화한다고 생각되고 있다. 그러나 여기에 부가해서 마늘에 흡수되어서 없어지는 석회가 많다는 것을 생각하지 않으면 안 된다. 결국 토양이 산성으로 되는 것은 다량으로 사용된 화학비료뿐만이 아니라 석회를 다량으로 흡수하고 있는 작물(마늘)이 원인이 되는 것이다. 따라서 석회암지대에서도 수십 년 동안 농사를 짓는 동안에 염류가 많이 소모되었으면 산성화될 수도 있다. 석회암지대라도 산도(pH)를 측정해 보고 산성이면 석회를 주어야 한다.

마. 황

　황은 보통 '유황'이라고 하는데 이는 일본식 이름이고 우리는 예부터 '황'이라고 했다. 황은 다량원소의 하나로 작물에 꼭 필요한 성분이다. 황은 필수 아미노산인 시스테인, 시스틴, 메티오닌 등에 함유되어 있고, 단백질대사와 관계가 깊다. 특히 마늘의 고유 향미를 내는 알리신의 구성성분일 뿐 아니라 구가 커지게 하고, 아미노산을 만들고 광합성에 영향을 주고 맛을 내는 성분이기도 하다. 함유량은 작물에 따라 다르나 대개 0.1~1.0% 범위이며, 배추과와 백합과의 마늘, 양파, 파류 등에 비교적 많이 들어 있다. 1960년대 이전에는 황산암모늄과 과인산석회 등을 주어 상당량의 황이 공급되었으나 이들 비료가 흙을 산성으로 만든다고 해서 요소와 용성인비 등으로 대체되면서 흙에 들어가는 황의 양이 현저히 줄어들었다. 흙 속에 황의 함량이 100ppm 이하면 부족한 것인데 우리나라 논은 전체면적 중 37.9%가, 밭은 66.5%나 황이 부족한 것으로 조사되고 있다. 황은 마늘 파종 1주일 전에 밑거름으로 뿌리는 것이 좋으며 사용량은 10a(300평)당 5~20kg 정도이다. 황은 뿌리기가 곤란하므로 염화칼리 대신 황이 함유되어 있는 황산칼리를 구입하여 사용하면 작업이 편리하다. 황산칼리는 10a에 40kg 정도 뿌리면 된다. 흙의 산도(pH)를 측정해 보고 황을 주면 더 좋은 효과를 거둘 수 있다.

바. 미량요소

매우 적은 양이지만 작물생육에 없어서는 안 될 원소이다. 구리, 아연, 붕소, 몰리브덴, 철 등이 있다. 미량요소 결핍증은 작물의 종류에 따라 다르게 나타나는데 마늘의 황화현상은 일반적으로 엽록소의 감소 혹은 없어지는 경우이며, 오래된 잎부터 나타나는 것과 새로 생장이 왕성한 부분에 나타나는 것이 있다. 오래된 잎에서 나타나는 것은 양분의 체내이동이 용이한 부분에 발생하는 질소, 인산, 칼리, 고토의 결핍증인데 특히 칼리와 고토의 결핍증은 생육 초기보다도 어느 정도 생육이 왕성하게 된 상태에서 증상이 많이 나타난다(그림 20). 인산이 부족할 때는 초기에 일찍 결핍증이 나타난다. 새로운 생장

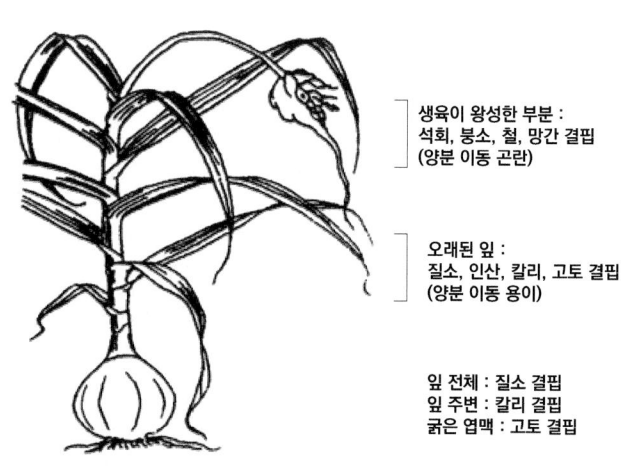

〈그림 20〉 미량요소 결핍증

이 왕성한 부분에 나타나는 것은 석회, 붕소, 철, 망간 등이 식물체 내에서 양분의 이동이 곤란하기 때문에 부족할 경우 주로 생장하는 부분에 결핍증이 나타나는 것이다. 고토, 칼리, 질소 결핍은 하엽으로부터 나타나는데 질소는 잎 전체가 황화하고 칼리는 잎 주변에서부터, 고토는 엽맥 부분에서 주로 나타난다.

 라 일반관리

(1) 물주기

마늘 파종기인 가을과 생육기인 4~5월에 가물 경우가 많은데 토양이 건조하면 토양 중에 있는 양분을 뿌리에서 흡수할 수 없다. 가을 가뭄은 뿌리 내림이 약해서 언 피해를 입기 쉽고, 봄 가뭄은 생육장해가 일어나 수량이 줄고 품질을 떨어지게 한다. 그러므로 4~5월의 가뭄 시 10일 간격으로 30mm 정도 2~3회 물대기를 하거나 이동식 스프링클러를 이용하여 관수하면 증수효과가 매우 크다. 단, 이랑 관수를 할 경우 관수시간이 하루를 넘지 않도록 주의한다. 마늘은 특히 마늘통의 비대기에 다량의 수분을 요구한다. 마늘통이 비대하는 4~6월은 상습적인 가뭄으로 인하여 매년 토양이 건조하므로 적기에 충분한 물을 대주어 마늘통의 비대가 정상적으로 이루어지도록 관리한다. 가뭄이 심할 경우 잎 마름현상이 심하며, 마늘종이 나오지 않아 수확작업도 불편하고 저장성도 떨어진다.

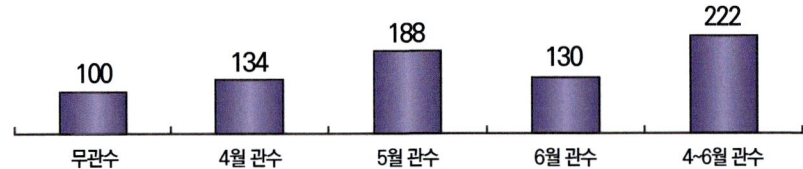

※ 품 종 : 수원재래
　물주기 간격 및 물 주는 양 : 10일 간격 30mm

〈그림 21〉 생육시기별 물주기 효과

(2) 잡초방제

우리나라 마늘밭에 발생되는 잡초 수는 40여 종이 있으나 지역별로 발생 정도는 차이가 있다.

보통 밭에는 쇠비름, 명아주, 흰명아주, 괭이밥 등이 발생하고 있으며, 논 마늘은 뚝새풀, 별꽃, 벼룩나물 등의 발생이 많다. 겨울철 재배지의 발생 잡

〈그림 22〉 제초작업이 잘된 마늘 밭

초를 보면 중부이북지방은 명아주, 뚝새풀 등이 많이 발생하고, 중부이남지방은 뚝새풀, 별꽃, 벼룩나물, 명아주, 갈퀴덩쿨 등이 대체로 많이 발생하고 있다.

마늘은 재배기간이 길기 때문에 잡초를 제때에 제거하지 않으면 많은 노력이 소요될 뿐만 아니라 수량도 크게 감소하므로 적기에 잡초방제가 중요하다. 마늘 제초제는 파종 복토 후에 사용하는 토양처리제와 잡초가 3~5엽이 생겼을 때 처리하는 경엽처리제가 있으므로 사용방법과 시기를 맞추어 적기에 사용한다. 일부 지역에서 매년 마늘에 공시되지 않은 마세트입제, 라쏘입제 등을 사용하여 피해를 입는 농가가 발생되고 있으므로 반드시 공시제초제를 사용해야 한다.

(3) 비닐 덮기

마늘 파종 후 안전한 월동을 하기 위하여 한지형 마늘 재배지역에서는 짚 또는 비닐을 덮어 언 피해를 받지 않도록 하며, 난지형 마늘은 수분공급과 초기 생육을 촉진시키기 위하여 비닐 덮기를 한다.

비닐 덮기를 하면 지온을 상승시켜 숙기를 3~4일 앞당길 수 있다. 그러나 4월 중순 이후 온도가 상승함에 따라 지온이 상승되어 오히려 마늘 구비대에 지장을 초래하므로 4월 중순에 비닐을 제거하거나 가뭄지역에서는 비닐 위에 흙을 3cm 정도 덮어 주면 지온 상승을 방지하고 수분 유지효과도 겸할 수 있다.

가. 난지형 마늘 비닐 덮는 요령

비닐 덮는 시기는 8월 하순부터 9월 상순에 파종한 마늘을 10월 상순에 덮고 9월 하순부터 10월 상순에 파종한 마늘은 파종 즉시 또는 잎이 1~2매 나올 때 덮는다. 다만 남해, 신안, 창녕 등 유공비닐 사용지역에서는 비닐피복 후 마늘을 파종한다. 제초제 사용 시에는 제초제를 뿌린 후 3~4일 뒤에 비닐을 덮는다. 비닐은 4월 중순에 걷거나 흙을 2~3cm 덮는다.

나. 한지형 마늘 비닐 덮는 요령

비닐을 일찍 덮으면 마늘 싹이 월동 전에 웃자라서 언 피해의 위험이 있으므로 11월 중하순경에 제초제 사용 후 3~4일 후에 비닐을 덮는다. 비닐 걷는 시기는 4월 중순경이 좋으며 가뭄지역은 흙을 덮는다. 그렇지 않은 경우 비닐멀칭 재배 시 지표면에 왕겨를 1~2cm 정도 복토한 후 투명비닐 멀칭을 하면 2차 생장(벌마늘) 및 잡초 발생이 적다.

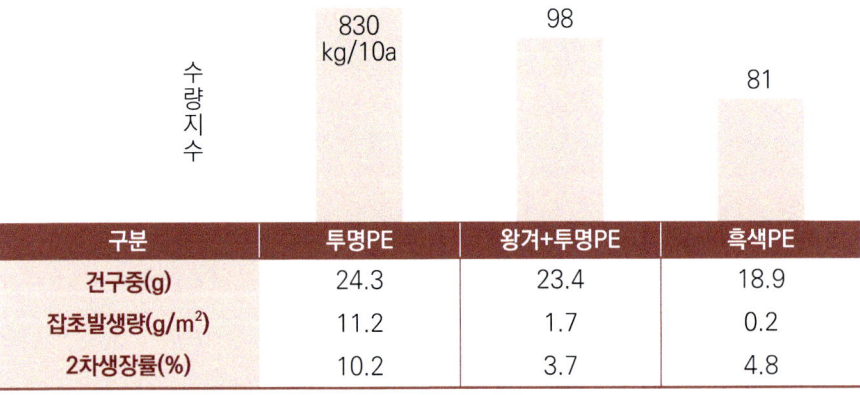

구분	투명PE	왕겨+투명PE	흑색PE
건구중(g)	24.3	23.4	18.9
잡초발생량(g/m^2)	11.2	1.7	0.2
2차생장률(%)	10.2	3.7	4.8

※ 품종 : 예천종, 파종기 : 11월 9일, 재식거리 : 20×10cm, 시비량(전량기비) : 22-20-20kg/10a
  왕겨+투명 PE멀칭 방법 : 왕겨 1~2cm 복토 후 투명 PE멀칭(12월 상순), 잡초발생량 : 4월 하순 1회 조사량

〈그림 23〉 한지형 마늘 멀칭개선 효과(경북)

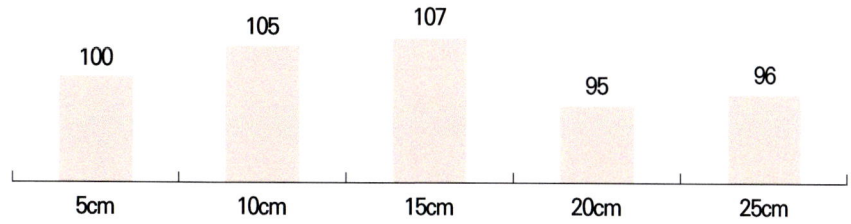

※ 품종 : 단양재래종, 파종시기 : 10월 20일, 파종거리 : 20×10cm, 수확시기 : 6월 하순

〈그림 24〉 한지형 마늘의 비닐멀칭 재배 시 엽초 유인 적기(충북)

표 36 ▶ 비닐피복 시 비닐 제거 시기별 생육 및 수량

비종	월동률 (%)	초장 (cm)	엽초장 (cm)	2차생장률 (%)	구중 (g/개)	부패율 (%)	수 량 (kg/10a)	지수
무피복	76	68	24	0.8	17.4	13.3	511	100
비닐 3하 제거	88	66	26	1.8	19.1	12.6	594	116
비닐 4중 제거	87	74	26	8.0	20.7	20.7	654	128
비닐 4중 복토	88	76	28	3.0	21.3	21.3	681	133
비닐피복(수확)	87	76	25	13.0	31.8	31.8	644	126

※ 파종 : 10월 25일, 비닐피복 : 11월 20일, 부패율 최종조사 : 저장 8개월 후

무공비닐로 멀칭했을 경우 봄에 마늘 싹(엽초)을 비닐 밖으로 유인하는 비닐 구멍 뚫기 작업을 해야 하는데 한지형 마늘은 싹이 10~15cm 정도일 때 유인하는 것이 가장 효과적이다(그림 24). 20cm 이상일 때 추출하면 작업과정에서 마늘 싹이 상처를 받기 쉽고 작업도 불편하다.

(4) 마늘종 뽑기

마늘종이 올라오는 시기는 구가 비대하는 시기와 일치하므로 적기에 종을 제거해 주지 않으면 그만큼 구의 비대가 나빠지므로 종을 빨리 제거하면 할수록 구의 비대에 유리하다. 종은 나오는 즉시 뽑아주되, 한 번에 전부 뽑으려면 늦어지므로 2~

〈그림 25〉 마늘종 뽑아주기

3회에 걸쳐 뽑는 것이 효과적이다. 종은 오전 일찍 또는 해질 무렵이 잘 뽑히므로 가급적 이때를 이용한다.

또한 종을 길게 뽑기 위해 주대에 침을 찌르는 경우가 있는데 이럴 경우 끝부분의 1~2개 잎이 함께 뽑혀 나오거나 주대부분이 잘 넘어지는 등 구의 비대에 불리하므로 주의한다. 난지형 마늘은 마늘종도 농가소득의 큰 몫을 차지하고 있는 만큼 무조건 제거하는 것보다 가격추이를 보아가며 뽑는 시기나 방법을 결정하는 지혜도 필요하다. 주아를 채취하여 이용할 경우 일정 면적만 남기고 뽑아준다. 주아채취 마늘은 수확시기가 늦기 때문에 통터짐이 많이 발생할 우려가 있어 수량 및 상품가치가 크게 떨어진다.

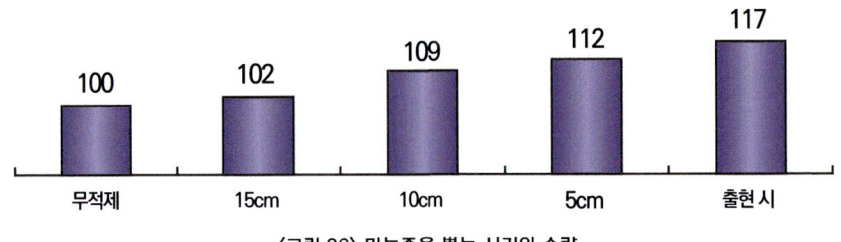

〈그림 26〉 마늘종을 뽑는 시기와 수량

제Ⅲ장
수확과 저장 기술

1. 수확
2. 저장

01 수확

가 수확시기

마늘의 수확기는 품종이나 재배형태 및 재배지역에 따라 다르나, 남도마늘은 1월 하순경부터 제주도 남부해안 및 도서지방에서 출하되기 시작되고, 5월 하순부터는 제주도 등지의 조생계통의 마늘이 출하되기 시작한다. 중부내륙지방에서는 6월 중순부터 6월 하순경이 수확적기가 된다. 수확기가 빠르면 인편의 비대가 끝나지 않아서 구의 발달이 덜 되어 미숙인편 및 잎의 수분함량이 많아 부패하기 쉽다. 수확기가 가까워지면 하위엽과 잎의 끝부터 마르기 시작하는데 1/2~2/3 정도 말랐을 때 수확한다. 날씨가 좋은 날 상처가 나지 않도록 캐어서 밭에서 2~3일간 말리는 것이 좋다. 특히 캘 때 마늘 뿌리에 붙은 흙을 털기 위

표 37 > 한지형 마늘 수확시기별 수량

구분	생체총중(kg)	건조총중(kg)	건조구중(kg)	실수량(kg)	비율(%)	결주율(%)
6월 1일	6.65	6.21	2.88	676.8	82.4	6.0
6월 10일	8.23	6.43	3.49	794.0	96.7	9.0
6월 20일	7.09	6.46	3.65	821.2	100.0	10.0
7월 1일	7.03	6.57	3.68	818.8	99.7	11.0

해서 호미나 삽 등으로 마늘을 두드리는 수가 있는데 이것은 마늘에 상처를 입혀 부패하기 쉬우므로 삼간다. 수확한 후 건조할 때는 통풍이 잘되고 그늘진 곳에서 건조시킨다.

나 선별

수확한 마늘을 건조하기 전에 크기별 또는 무게별로 등급을 나누어 100개씩 묶거나 엮어 건조시킨 후 출하한다.

난지형 마늘은 50~100개로 단을 묶어 출하하고 있으며 한지형 마늘은 100개씩 엮어 출하하고 있다. 그러나 쓰레기 종량제

〈그림 27〉 트랙터 부착용 수확기

(1997.4.1.) 이후 농산물 공판장에서 마늘을 단으로 엮거나 묶어 반입하는 것을 금지하고 있으므로 주대를 3~5cm 정도 남기고 절단하여 그물망에 넣어 시장에 출하한다.

수확한 즉시 주대를 절단하여 그물망에 넣어 운반하면 마늘의 상처도 줄이고 운반작업도 편리하다. 주대를 절단할 때 너무 짧게 남기고 자르면 건조과정에서 열구(쪽이 갈라짐)가 생겨 상품가치가 없어지므로 주대를 3~5cm 정도에서 자르는 것이 바람직하다.

선별기준은 구의 직경이 5cm 이상인 것은 대(大)로 구별하고 5~4cm인 것은 중(中)으로 3cm 이하인 것은 소(小)로 구분한다. 선별 시에는 병해충 피해가 있는 것이나 상처가 있는 것은 골라서 따로 처리하여 저장 중에 피해가 확산되지 않도록 한다.

02 저장

가 저장 준비

(1) 저장 전처리

마늘 저장에서 가장 중요한 요인은 수분이다. 수확 당시의 마늘 수분함량은 80% 정도인데 장기저장을 위해서는 수분함량이 65% 정도가 되도록 건조시켜야 한다. 자연건조는 수확 직후 바람이 잘 통하는 곳에 2~3개월 말려야 한다. 열풍건조는 온도를 40~43℃로 하여 2~3일 건조하고 주대도 1~2cm 정도 짧게 자르며 뿌리도 자른 후 저장하는 것이 좋다. 이때 주의할 점은 열풍건조기를 이용하여 건조할 때 50℃ 이상이 되면 마늘인편이 상하므로 적정온도를 반드시 지켜야 한다. 장기저장은 온도 0~3℃, 습도 65~70%로 유지시켜 저장한다.

(2) 저장마늘 선택

마늘의 저장력은 품종에 따라 차이가 있는데 휴면이 짧은 난지형 마늘은 맹아(萌芽)가 빨라서 저장기간이 길어지면 감모율과 부패율이 높아지므로 저온저장이 아닌 경우 연내에 소비하는 것이 바람직하다. 한지형 마늘인 단양, 의성, 서산종 등은 맹아가 늦기 때문에 잘 건조되었을 때 이듬해 봄까지 저장이 가능하다. 특히 한지형 마늘은 구가 단단하고 매운맛이 강하기 때문에 저장력이 난지형에 비하여 높다.

마늘 저장방법으로는 관행저장법(엮어달기, 그물망), 저온저장고를 이용한 저온저장 그리고 PE필름 저장법이 있는데 저온저장(온도 1~3℃, 습도 63~73%)이 가장 좋으나 시설 및 운영비용이 많이 든다. 따라서 농가실정에 맞는 방법을 선택하여 이용하는 것이 좋다.

나 저장방법

(1) 간이(예비)저장

가. 조건

- 온도 : 0~20℃(가급적 시원하며, 호흡작용을 억제할 수 있도록 한다)
- 습도 : 바람이 잘 통하며 습하지 않은 곳(수분증발 및 호흡열에 의해 온도가 올라가는 것을 막아준다)
- 장소 : 간이저장고, 창고, 헛간, 햇볕이 들지 않는 곳, 덕 시설이 가장 좋다.
- 간이저장기간 : 10월 하순까지 저장한다.

나. 방법

1) 엮어달기 저장

- 통 크기에 따라 선별, 주대를 20cm 정도로 자른다.
- 20~100개 단위로 엮어, 가급적 서로 닿지 않게 덕에 매단다.
- 매달 때는 천장에서 30cm, 지상에서 50cm 이상 떨어지게 한다.

〈그림 28〉 엮어달기 저장

2) 그물망 저장
- 주대와 뿌리를 1cm 정도 남기고 잘라 통 크기별로 선별한다.
- 그물망에 3~4접씩 담아 덕에 서로 닿지 않게 매단다.
- 1m^{2}당 270kg 정도 저장이 가능하다.

3) 플라스틱 상자이용 저장
- 플라스틱 상자는 높이 10cm, 가로 35cm, 세로 55cm 정도가 알맞다.
- 주대와 뿌리를 1cm 정도 남기고 잘라, 상자에 3~5kg 정도씩 담는다.
- 상자 쌓는 높이는 10단 이상이 되지 않게 한다.

(2) 본저장

가. 조건
- 간이 저장하여 수분이 60~65%(마늘 껍질수분)로 건조된 마늘을 선택한다.
- 물빠짐이 양호하고 보수력이 좋은 질참흙에서 재배한 마늘이 좋다.
- 적기에 수확한 것, 구가 너무 크지 않고 중간 정도인 마늘이어야 한다.
- 저장조건 : 습도 65~70%, 온도 0~3℃ 정도로 한다.
- 장소 : 겨울철에도 온도변화가 적어 0~3℃를 유지할 수 있고 가장 추울 때에도 영하 4℃ 이하로 내려가지 않는 저장고나 창고에 저장한다.
- 저장시기 : 10월 중순에서 11월 중순에 간이저장을 위해 마늘을 다시 선별하여 출하한다.

나. 방법
- 일반 상온 저장, 비닐 밀봉 저장, 저온 저장

표 38 > 마늘 일반 상온저장 중 중량 변화 및 부패율

구분	9월	10월	11월	12월	1월	2월	3월	4월	5월
중량감모율(%)	0.23	1.90	4.58	8.58	16.14	21.57	26.57	40.46	56.67
부패율(%)	0	0.99	3.08	7.02	15.29	18.95	24.43	38.59	48.83

(3) 일반 상온 저장

· 저장시기 : 10월 중순부터 11월 상순까지의 기간이다.
· 다시 엮어 달거나 그물망 플라스틱 상자에 담아 저장한다.
· 저장 중 관리 : 가장 추운 겨울철에도 저장 창고 내 온도가 영하로 내려가지 않도록 하고 습도를 75%로 유지한다.

(4) 비닐 밀봉 저장

· 장기저장이 가능한 것을 골라 줄기와 뿌리를 1cm 남기고 자른다.
· 포장시기 : 10월 중순에서 11월 상순의 시기가 알맞다.
· 비닐봉지 준비 : 두께 0.05~0.1mm, 폭 30cm 정도의 PE필름을 40~50cm 길이로 자른다.

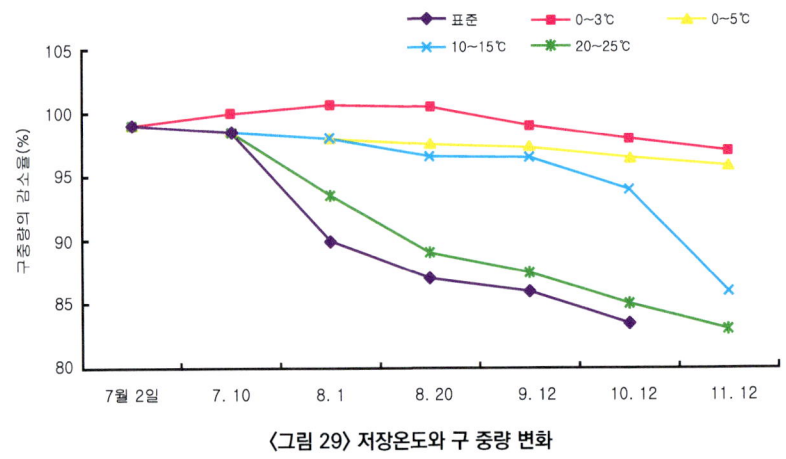

〈그림 29〉 저장온도와 구 중량 변화

· 포장방법 : 한쪽을 인두나 다리미로 밀봉한 후 마늘을 100개 또는 3kg 정도씩 넣고 입구를 밀봉한다.
· 다음 해 3월 말까지 저장할 수 있다.
· 저장 중 관리 : 겨울철에 얼지 않도록 하며, 쥐 피해나 비닐에 구멍이 나지 않게 하고 2월부터 가격이 좋을 때 출하한다.

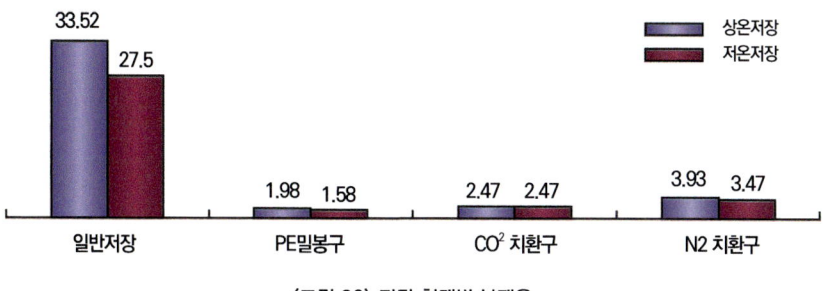

〈그림 30〉 저장 형태별 부패율

- 장기저장 시 호흡으로 인한 탄산가스 농도 장해로 인편이 황갈색으로 변하면 마늘 100구당 10개 정도 바늘구멍 뚫기를 하고 즉시 출하한다.
- PE 밀봉 시 주의 사항
    - 얼거나 비닐에 구멍이 나지 않도록 한다.
    - 반드시 온도가 낮은 곳에 보관한다.
    - 상자에 넣을 때는 3층 이상 쌓지 않도록 한다.

제IV장
주아재배기술(한지형 마늘)

1. 주아의 특성
2. 주아재배의 효과
3. 주아 이용 우량종구 생산체계
4. 주아재배기술

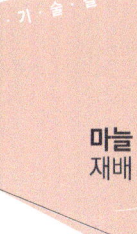

01 주아의 **특성**

Growing Garlic

마늘은 경영비의 약 30~40%를 종묘비가 차지하고 있어 해마다 가격 변동에 의해 소득이 불안정한 실정이다.

마늘이 추대되면 꽃줄기(花莖)의 윗부분에 있는 총포(總苞) 내에 주아가 착생한다. 주아는 구조상 마늘쪽과 같으며 공중에서 생육하기 때문에 각종 병 및 바이러스 감염이 인편보다 훨씬 낮고, 조직이 치밀하여 저장력이 좋아 증체율이 높으며(20~70배), 1총포당 8~30개의 주아가 있어 증식률이 인편보다 크게 높다.

마늘은 추대 방식에 따라 완전추대, 불완전추대, 불추대종으로 구분된다. 우리나라에서 재배되고 있는 마늘은 대부분 완전추대종으로 5~6월경에 화경이 혼생하며 생육이 진전됨에 따라 꽃은 퇴화되고 주아는 형태학적으로 인편(마늘쪽)과 같은 구조가 된다. 총포당 주아 수는 품종에 따라서 3~4개부터 100~200개까지 다양하다(표 39).

주아는 크기에 따라 여러 가지 등급으로 구분이 가능한데 크기별로 재식거리를 달리하여 파종하는 것이 생육이 균일하고 관리가 용이하다. 주아의 파종기는 보통마늘의 파종기와 같으나 일찍 심으면 생육이 양호하고 구의 크기가 증가된다. 파종 후 건조 피해를 방지하고 겨울에 한해(寒害)를 방지하기 위하여 짚을 덮어 준다. 특히 중부내륙지방에서는 겨울에 동해를 받지 않도록 한다.

표 39 마늘의 품종별 주아 수 및 특성

품종별	생태형	숙기	주아 수	휴면성
의성종	한지형	중만생	12~15개	강
서산종	한지형	중만생	12~15개	강
단양종	한지형	중만생	12~15개	강
남도마늘	난지형	조생	30~40개	약
신강마늘	난지형	극만생	150~180개	강

경북 예천지역의 '상리마늘', 강원도 평창지역의 '대관령마늘' 등은 마늘재배 농가에서 수십 년 동안 주아재배를 계속하여 우수한 계통을 선발해 온 결과 우량종으로 발전된 것이며 식물체의 바이러스 이병 정도가 매우 낮아서 조직배양을 통하여 육성된 바이러스 무병종구와 대등한 수량성을 나타냈다. 그러므로 장기적인 안목으로 영농설계를 한다면 반드시 주아재배법을 활용해야 할 것이다.

현재 마늘 관련 연구기관이나 주산단지인 전남 신안, 경남 남해, 경북 의성, 충남 태안 농업기술센터에서 많은 관심을 갖고 주아연구를 하고 있다. 앞으로 수년 내에 더욱 생력화되고 생산방법이 체계화되면 주아재배는 우량종구 생산에 큰 기여를 하게 될 것이다.

02 주아재배의 효과

Growing Garlic

- 마늘 주아를 이용하여 우량종구를 자가 생산할 경우 총생산비의 약 40%를 차지하고 있는 씨마늘 생산비용을 70% 정도 절감할 수 있어 경제적이다.
- 대부분의 씨마늘은 병해충과 바이러스에 감염되어 있어서 수량이 답보 상태에 있고 품질이 떨어지나, 주아재배로 씨마늘을 생산하면 단위면적당 수량이 많아지고, 상품성이 높은 마늘을 생산할 수 있다.
- 종자 조제 중 쪽(인편) 분리노력을 절감할 수 있다. 10a당 노동투하시간 중 한지형 마늘은 39.3시간(18.1%)과 난지형 마늘은 25시간(14%)을 절감할 수 있다.

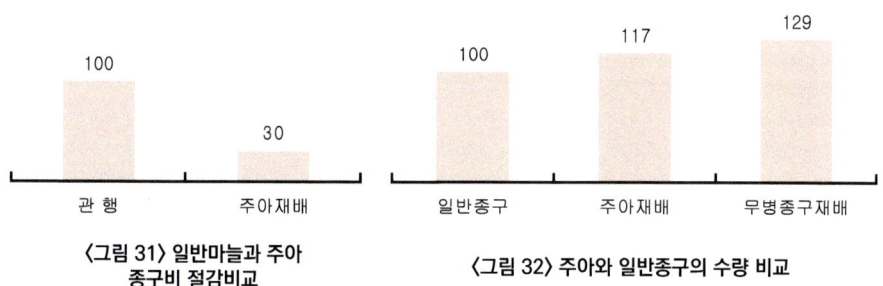

〈그림 31〉 일반마늘과 주아 종구비 절감비교

〈그림 32〉 주아와 일반종구의 수량 비교

- 일반재배에 비하여 종구 생산포의 관리면적 감소 및 정밀관리가 가능하다. 10a당 일반재배의 경우 150~200m²가 종구 생산포로 관리되는 데 비하여 주아재배의 경우는 50~100m² 정도만이 필요하며, 재배관리에 재배계통, 시비, 관수, 피복물 관리 등을 정밀히 하여 우량한 씨마늘을 생산할 수 있다.
- 식물학적으로 인편보다 양분저장 능력이 상위이다. 인편보다 주아가 조직이 치밀하고 알리인 함량도 높다.

표 40 주아 유래 인편의 세대별 수량성

품종별	수확주율 (%)	구중 (g/구)	증체율 (%)	구당 인편 수(개)	주당 주아 수(개)	수량 (kg/10a)	지수
주아재배 1년생 인편	85.6	46.4	11.6	8.3	14.0	1,489	116
주아재배 1년생 통마늘	85.4	52.0	13.0	9.0	13.0	1,665	129
주아재배 2년생 인편	85.6	48.2	12.1	8.4	12.8	1,547	120
주아재배 3년생 인편	86.2	40.3	10.1	8.1	13.9	1,303	101
관행재배	85.6	40.1	10.1	8.2	13.6	1,287	100

- 주아재배의 연차별 수량성 : 주아재배 1년 차에서 생산되는 마늘은 분구마늘, 통마늘(단구), 주아로 구분할 수 있다. 주아재배 1년생 인편이나 통마늘을 사용하면 수량이 16~29% 정도 증수되고, 2년 차 생산된 인편을 이용해 재배하면 20% 정도의 증수율을 보이나 3년 차 생산된 인편은 증수효과가 미미하여 주아재배로 생산된 마늘은 2년간 종구로 사용하는 것이 좋다. 주아재배 1년 차 통마늘에서 생산되는 마늘의 인편 크기는 1~7g까지 다양하나 대부분 정상적으로 인편분화가 되고 추대하여 주당 평균 7.3개의 인편과 10.7개의 주아를 생산할 수 있다. 주아재배 2년 차 종구로 사용할 때에 구중이 30g 이상 되는 상구(우량구)를 생산하기 위해서는 3g 이상 되는 인편이나 통마늘을 사용하고, 2g 미만의 작은 인편은 종구재배용으로 활용하는 것이 좋다. 주아재배 1년 차에서 생산된 주아를 이용할 경우 1주당 1.4개의 인편을 확보할 수 있어 수확주율이 인편에서 생산된 주아보다 월등히 높다.

표 41 주아 후대계통의 생산성 비교

종구 종류	무게 (g/개) ⟨A⟩	수확주율 (%)	구중 (g/구) ⟨B⟩	증체율 ⟨B/A⟩	구당 인편 수 (개)	구당 주아 수 (개)
분화된 인편	5.2	92	36.9	7.1	7.9	10.3
	3.4	89	32.1	9.4	7.3	10.1
	2.4	90	28.3	11.8	7.2	10.3
	1.8	89	24.9	13.8	7.4	10.6
	1.3	90	19.7	15.2	6.5	12.7
	평균	90	28.4	10.1	7.3	10.7
통마늘	6.7	91	42.6	6.4	9.1	10.2
	4.9	91	40.7	8.3	9.0	10.3
	3.3	92	33.5	10.2	8.2	10.3
	평균	91	39.0	7.8	8.8	10.3
주아	0.5	92	7.0	14.0	1.8	-
	0.3	87	4.7	15.7	1.3	-
	0.2이하	64	2.2	16.9	1.0	-
	평균	81	4.6	14.8	1.4	-

03 주아 이용 우량종구 생산체계
Growing Garlic

　주아재배 방법에는 일반주아재배법(점뿌림, 줄뿌림, 흩어뿌림)과 총포심기, 모아심기 등이 있는데 기존의 일반주아재배법은 제초, 유인관리 등에 많은 문제점이 있어 보급이 안 됐으나, 최근에 개발된 총포심기나 모아심기로 할 경우 실용적 재배가 가능하다.

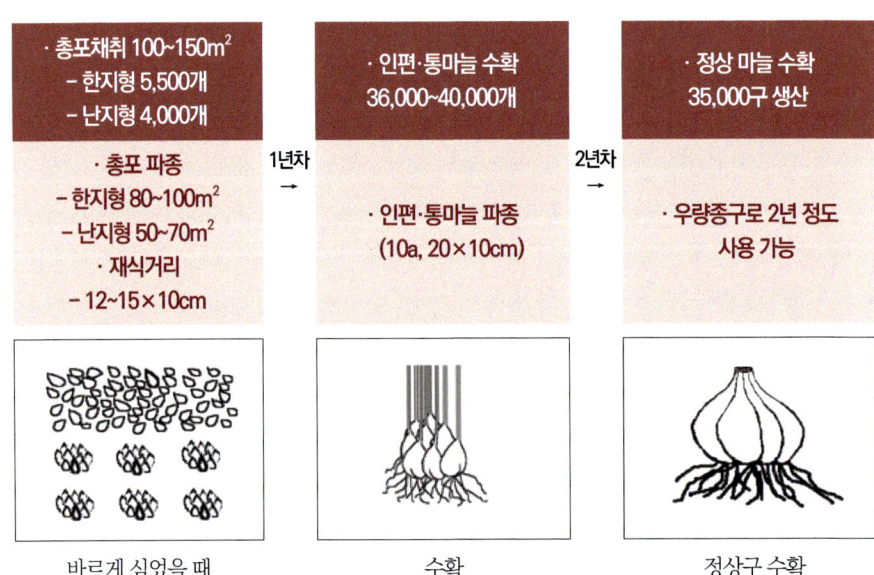

〈그림 33〉 주아 이용 우량종구 생산체계와 모식도(10a 기준)

04 주아재배기술

Growing Garlic

가 총포심기

(1) 1년 차 재배

주아채취 ▶ 파종 ▶ 통마늘 생산

일반 주아재배 시 작업상의 번거로움을 생력화할 수 있는 방법으로서 주아가 들어 있는 총포를 분리 파쇄하지 않고 1개의 총포를 일반재배의 1개의 인편으로 간주하여 점파하는 방법이다.

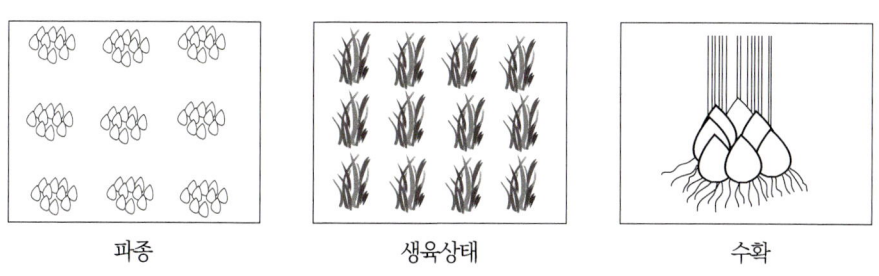

파종　　　　　　　생육상태　　　　　　　수확

〈그림 34〉 총포 이용 통마늘 대량생산 요령

가. 주아 채취 및 보관

- 좋은 씨마늘을 생산하기 위해서는 생육이 좋고 병해충 피해가 없는 건전 포기에서 채취한다. 종의 길이가 길수록 좋은데 길이가 20cm이면 13%, 30cm이면 16% 증수되므로 마늘을 수확하기 전이나 수확 후 간이저장 중에 가급적 길게 잘라 매달아서 충분히 후숙시킨 다음 화경의 기부를 잘라 총포 상태로 망사 등에 담아 통풍이 잘되고 서늘한 곳에 보관해 두었다가 사용한다.

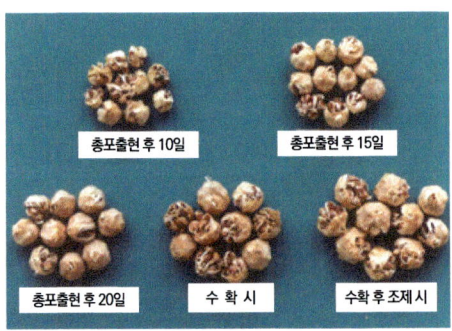

〈그림 35〉 주아 채취시기별 주아통 크기

- 주아 채취시기는 한지형의 경우 주아통(총포)이 출현하여 20일부터는 충실한 주아를 얻을 수 있으며 그 시기는 수확 전 5일 정도 시기이다. 일찍 수확하면 주아재배에 부적합한 주아의 비율이 높아 비경제적이다. 난지형(남도종)의 경우는 5월 상순에 따버리는 주아를 밭, 창고, 노변 등지에서 5~6월을 후숙시킨 후 주아재배에 사용하면 수확기에 채취하는 주아와 3g 이상 되는 종구생산비율은 비슷하므로 버리지 말고 이용하는 것도 바람직하다.
- 채취 후 건조를 잘 시켜 보관하고 보관 중에 벌레의 피해를 받으면 부패의 원인이 되므로 보관 중에 디메토 유제 1,000배액을 2회 정도 뿌려서 피해를 막는다.

나. 파종 준비

파종에 앞서 총포에 붙어 있는 화경(종대)을 가위로 짧게 잘라 제거하고, 총포 껍질을 벗겨주어 흙 입자가 파종주아 사이로 들어갈 수 있도록 해 주어야 발아율을 향상시킬 수 있다.

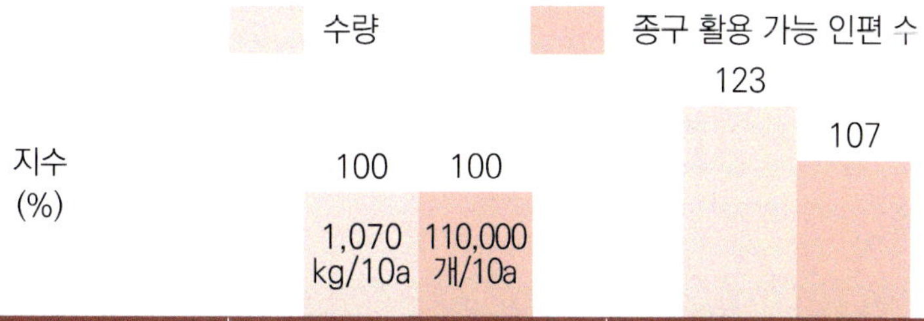

지수 (%)	수량	종구 활용 가능 인편 수
	100 / 1,070 kg/10a	100 / 110,000 개/10a
	123	107

구분	무처리	K_3PO_4
인편 분화율(%)	94.2	95.2
상구율(%)	37.0	45.2
평균구중(g)	29.2	35.7

※ 상구 : 36g 이상 되는 구, 파종일 : 10월 10일, 주아크기 : 0.45±0.05(g)
※ 처리내용 : 10℃, 암상태, K3PO4 42g/L(24배)에 7일간 처리

〈그림 36〉 남도마늘 주아의 우량종구 생산을 위한 K_3PO_4 전처리 효과

다. 파종 전처리

· 파종 전에 저온처리나 인산칼리용액에 침지하면 인편 분화를 촉진시켜 씨마늘로 활용 가능한 인편 수 및 구중이 증가한다.
· 저온처리는 0.4g 이상의 주아를 5℃에서 30일간 처리하면 단구(통마늘)율이 낮아지나(인편 분화 수 증가), 구 비대는 촉진된다.
· 인산칼리(K_3PO_4)용액 처리는 0.4g 이상의 주아를 인산칼리(K_3PO_4) 24배액(물 1L당 42g)에 10℃에서 암흑상태로 7일간 침지하면 구중과 상구(우량구)율이 높아져 수량은 23% 증가되고, 종구 활용가능 인편 수는 7% 정도 증가된다(그림 37).

라. 씨마늘 소독

종구 소독방법은 일반 마늘재배와 같은 방법으로 하면 된다.

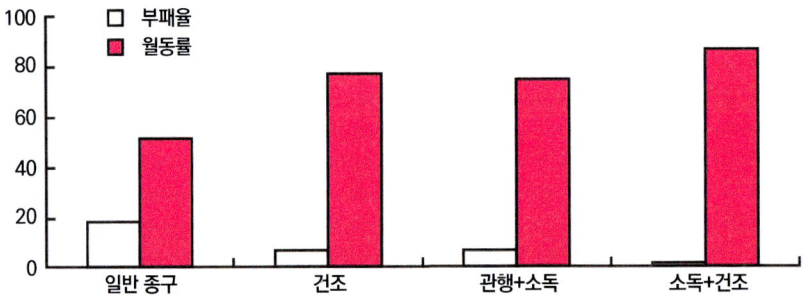

※ 공시 품종 : 단양마늘
건조 : 다목적 건조기(40℃) 48시간(수분함량 65%)
소독 : 디메토 유제 1000배액+벤레이트티 500배액 1시간 침지 후 건조

〈그림 37〉 주아의 건조 및 소독 효과(충북)

마. 파종

- 파종시기 : 주아도 인편과 마찬가지로 일정 기간 동안 휴면을 하기 때문에 휴면이 완전히 타파되기 전에 파종을 하게 되면 고온장해 등의 스트레스를 받아 맹아율도 낮아지며, 반대로 너무 늦게 파종하면 월동 전에 뿌리가 충분

〈그림 38〉 총포심기 후 구 비대

히 신장하지 못하기 때문에 출현율이 낮아지고 생육 및 구비대가 불량해지므로 일반인편재배보다 7~10일 정도 일찍 파종하는 것이 적당하다(난지형 : 9월 중하순, 한지형 : 10월 상중순).
- 파종간격 : 큰 총포 : 15cm×10cm, 보통 크기 총포 : 12cm×10cm
- 파종깊이 : 일반 주아재배와 인편 보통재배의 중간 깊이(3cm 정도)로 한다.
- 파종노력은 줄뿌림 또는 점뿌림에 비해 총포파종은 39%, 모아심기는 44%의 생력화된 파종방법이며, 건조수량은 $8m^2$당 총포심기가 6.5kg으로 가장

높고, 모아심기가 5.6kg, 줄뿌림의 순이며 총포심기가 줄뿌림보다 18% 증수되었다. 결과적으로 생력화 및 작업의 편리성(농기계 사용 가능), 농가 기술보급성 등을 감안하면 모아심기 또는 총포심기 방법이 유리하다.

- 난지형 마늘(남도종)은 유공비닐에 인편씨마늘 파종과 같이 큰 주아는 1~3개씩 점파하고, 작은 주아는 총포채 또는 모아심기(10~15개/공)로 파종하나 작은 주아(0.1~0.3g) 재배는 일반 구마늘 수확과는 달리 인력수확이 어렵다. 따라서 기계수확하거나 파종 전에 파종골에 미리 그물망 테이프를 깔며 재배하고 수확할 때 그물망 테이프를 걷어내는 방식으로 수확하면 수확하기가 쉽다. 작은 주아 그물망 테이프 재배방법은 남부지역과 제주 등 겨울이 따뜻한 지역에 적용 가능하고 추운 지방은 동해피해에 유의하여야 한다.

〈그림 39〉 남도마늘 작은 주아 그물망 테이프 재배방법

바. 비닐피복

· 일반재배에 준하고, 유인은 총포에서 올라오는 여러 개체를 보통 인편재배 1주로 간주하여 유인하면 되므로 일반 주아재배보다 유인작업을 생력화할 수 있다.

표 42 주아재배 시 비닐멀칭 효과

구분	초장(cm)	엽수(매)	엽초경(mm)	추대율(%)	구중(g)
무멀칭	26.4	4.8	3.3	18.0	2.5
비닐멀칭	33.6	5.0	3.6	23.0	4.8

※ 한지형, 피복시기(2월 25일~4월 30일)
비닐멀칭으로 초기 생육이 촉진되어 무멀칭에 비해서 구중 71% 증가됨
7월의 파종은 여름의 고온으로 파종 후 생육이 불량하며,
9월 5일, 20일 파종은 월동 전 출현으로 유식물의 상태로 월동하여 동해를 받음
8월 중순 조기 파종으로 월동 전 충분히 생육시키거나, 10월 이후에 파종하여 월동 후 출현되어 생육시키는 것이 좋다.

· 흑색비닐 피복구는 지온의 영향으로 출현율이 20%로 가장 낮으며, 건조수량은 4월 하순 비닐제거구에서 $6.1kg/8m^2$으로 가장 높고 관행피복구, 조기피복구, 흑색피복구 순으로 나타났다. 흑색비닐 피복은 제초노력 절감효과 이외에는 부적당하며, 관수시설이 완비된 곳에서는 4월 하순에 비닐을 제거하는 것이 가장 좋을 것으로 판단된다.
· 관수시설이 갖추어지지 않은 포장은 비닐 조기 제거 시 가뭄의 영향으로 수량 감수가 우려되므로 4월 하순경에 비닐 위에 흙을 2cm 정도 덮어주는 것이 유리하다(관리기 이용은 3월 하순부터 가능).

표 43 비닐피복 재료 및 시기에 따른 비교(의성)

구분		피복관행	4월 하순 제거	10월 하순 피복	흑색비닐
출현율(%)		78	75	67	20
초장(cm)		42.8	43.3	44.2	41.6
엽수(매)		3.8	3.7	3.8	3.8
수량 (kg/2.5평)	건조중	5.2	6.1	4.8	2.7
	수량지수	100	117	92	52
개체 수	계	1,446	1,665	1,442	1,219
	통마늘	1,290	1,446	1,257	1,146
	인편분화	156	219	185	73
	인편분화율(%)	11	13	13	6

※ 출현율 3월 18일, 초장 5월 9일 조사. 4월 하순 제거구는 4월 30일 비닐제거
수확일 6월 13일(건조중 9월 10일 조사), 흑색 비닐구는 관행구와 동일 시기

사. 재배지 관리

· 파종 후 무강우 시에는 스프링클러를 이용하여 충분히 관수하여 적습을 유지하여야만 발아율이 향상된다.
· 거름주기 : 일반재배보다 화학비료의 양을 약간 줄이고, 퇴비는 10a당 3,000kg으로 일반재배보다 많이 준다.
· 제초 : 잡초약제 처리는 일반 인편재배에 준하고 정밀 처리해야만 후기 제초 노력을 절감할 수 있다.

아. 수확

일반재배보다 1주일 정도 일찍 수확하여 엮거나 크기별로 선별하여 망사자루에 넣어 종구로 보관한다.

(2) 2년 차 재배

통마늘 파종 ▶ 정상마늘 수확

가. 파종

- 주아재배 2년 차 종구로 사용할 때에 구중이 30g 이상 되는 상구를 생산하기 위해서는 2.5g 이상 되는 인편이나 통마늘을 사용하고, 2.0g 미만의 작은 인편은 종구재배용으로 활용하는 것이 좋다.
- 통마늘 파종구 크기별 쪽수는 통마늘 대구(大球)가 7.4쪽으로

〈그림 40〉 통마늘 수확

가장 많고, 작은 통마늘일수록 생산된 쪽수가 적다. 생육 초기 육안으로 식별한 바이러스 감염 정도는 통마늘 파종구는 소구에서 일부 나타났으나 평균 6% 정도로 적었고, 대비구는 평균 42% 정도로 감염 정도가 높았다. 수량지수는 통마늘 대구(大球)가 대비구에 비해 134%의 증수율을 보였고, 소구(小球)도 48% 증수된 것으로 나타났다. 따라서 통마늘 소구에서 생산된 마늘도 평균 인편무게가 5.4g으로 우량 씨마늘로 이용이 가능할 것으로 판단된다(표 44).
- 일반재배와 같이 점파(20cm×10cm, 소구는 15cm×10cm)하되, 통마늘은 일반일편보다 뿌리 부위가 넓어 뿌리 내리는 힘이 강하므로 얕게 파종하면 땅 위로 솟구치는 경우가 있고 벌마늘 발생이 많아지므로 일반인편보다 깊은 5~7cm 정도 깊이로 심는다.

표 44 통마늘 파종구 크기별 수량성 비교(의성)

구분		쪽수(개)	개수(2평)	구중(g)	바이러스 감염정도(%)	수확률(%)	10a당 수량(kg)	10a당 지수(%)
통마늘 파종구	대(8.4g/개)	7.4	370	51.1	5	97	2,419	234
	중(4.8g/개)	7.3	352	46.9	5	92	2,104	204
	소(2.5g/개)	6.4	346	34.7	8	91	1,530	148
	평균	7.0	356	44.2	6	93	2,015	195
대비구 (일반인편 파종구)	대(7.5g/개)	6.3	225	24.0	50	59	686	66
	중(4.8g/개)	6.9	287	35.2	40	76	1,287	125
	소(2.5g/개)	6.3	290	30.3	35	76	1,122	109
	평균	6.5	267	29.8	42	70	1,033	100
대비 (통마늘/대비구)		108%	133	148	14	133	–	–

※바이러스 감염 정도 : 육안식별(4월 9일 조사)
 10a당 수량은 6.6㎡ 수량×150×0.85(고랑 15% 감)

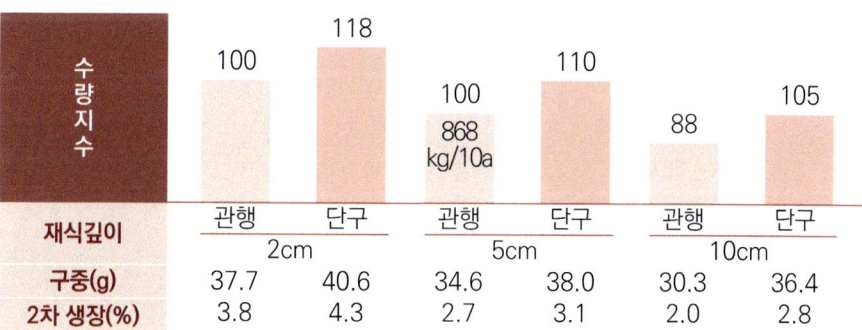

〈그림 41〉 재식깊이별 단구 재배 특성(전북)

- 통마늘 소구(小球)를 제외하고 모든 구에서 20×10cm 간격이 15×10cm 간격보다 건조수량이 높다. 통마늘 구는 평균 105%, 일반구는 108%로 파종간격은 20×10cm가 적당할 것으로 판단되나 재배목적과 종구의 크기에 따라 심는 거리와 간격이 달라질 수 있다(표 45).

표 45 통마늘 식재 간격별 수확량(의성)

구분		개수 (개)	인편 수 (개)	구직경 (cm)	수량 (kg/6.6㎡)
대(8.4g/개)	20×10cm	188	7.5	4.91	10.1
	15×10cm	192	7.3	4.87	8.8
중(4.8g/개)	20×10cm	175	7.1	4.86	8.4
	15×10cm	177	7.5	4.83	8.1
소(2.5g/개)	20×10cm	163	6.8	4.51	5.8
	15×10cm	183	7.0	4.32	6.2
평균	20×10cm(A)	175	7.1	4.76	8.1
	15×10cm(B)	184	7.3	4.67	7.7
	비율(A/B)	95%	97	102	105
대비구 평균 (대 5.7g, 중 4.8g, 소 2.5g)	20×10cm(C)	131	6.6	4.23	4.2
	15×10cm(D)	136	6.3	4.10	3.9
	비율(C/D)	101%	105	103	108

- 인편분화 소구(2.1g 파종)의 경우 생산된 마늘의 평균 구중이 34.6g이고 인편 1개당 평균 5.6g으로 우량종구로 활용이 가능하다. 주아재배 1차 연도 인편분화(분구)마늘은 씨마늘로 사용할 때 평균 쪽수가 3.8~4.2개 정도여서 통마늘보다 단기간 내에 4배 정도의 종구 증식효과가 있다. 따라서 우량한 주아생산기술 및 기타 재배관리를 개선하면 주아재배 1차 연도에 대량으로 인편분화 마늘을 생산해 주아 이용 우량종구 생산을 1년 앞당겨 대량증식도 가능하다(표 46).
- 주아재배로 생산된 통마늘 및 분구된 마늘 2년 차 생육은 수확주율은 통마늘구가 주아 1년 차 인편분화구보다 5~6% 정도 높았다. 기타 생육상황은 비슷하며, 10a당 수량은 통마늘구가 분구된 마늘 파종구보다 5% 정도 많은 것으로 나타났으나 5%의 증수는 시험구 파종 시 통마늘구가 평균 3% 정도 무거웠음을 감안할 때 통마늘과 당년 분구된 마늘의 인편 동일무게 파종 시 증체율과 수량성에는 큰 차이가 없는 것으로 나타났다.

표 46 주아 1년 차 인편분화(분구)마늘 인편 크기별 수량성 비교(의성)

구분		쪽수 (개)	개수 (2평)	구중 (g)	바이러스 감염정도 (%)	수확률 (%)	10a당	
							수량(kg)	지수(%)
주아 1년 차 인편분화 마늘	대(4.1g/개)	7.1	289	50.2	6	85	1,848	173
	중(3.0g/개)	7.0	288	43.8	7	85	1,607	150
	소(2.1g/개)	6.2	286	34.6	9	84	1,262	118
	평균	6.8	288	42.9	7.3	85	1,568	146
대비구 (일반마늘 파종구)	대(4.1g/개)	6.8	225	36.0	46	66	1,032	96
	중(3.0g/개)	6.6	260	35.8	40	76	1,185	111
	소(2.1g/개)	6.3	237	33.3	40	70	1,007	94
	평균	6.6	241	35.0	42	70	1,071	100
대비(인편분화/대비구)		103%	120	123	17	121	–	–

표 47 주아재배 1년 차 생산 통마늘 및 인편분화(분구)마늘 파종구 2년 차 수량 비교(1995~1997 의성)

구분		쪽수 (개)	개수 (2평)	구중 (g)	바이러스 감염정도 (%)	수확률 (%)	10a당	
							수량(kg)	지수(%)
통마늘 파종구	중(4.8g/개)	7.3	352	46.9	5	92	2,104	131
	소(2.5g/개)	6.4	346	34.7	8	91	1,530	95
	평균(3.65g/개)	6.9	349	40.8	6.5	91.5	1,817	–
인편분화 파종구 (주아1년차)	대(4.1g/개)	7.1	289	50.2	6	85	1,848	115
	중(3.0g/개)	7.0	288	43.8	7	85	1,607	100
	평균(3.55g/개)	7.0	288	47	6.5	85	1,727	–
대비(통마늘/분구, %)		98	121	86	100	108	105	–

· 따라서 주아재배 시 통마늘 및 인편분화 마늘 생산에 구애받지 않고 우량 종구 생산이 가능한 것으로 판단된다.

나. 재배지 관리

· 거름주기는 일반재배와 같은 표준량을 준다.
  (N-P-K-석회=25-7.7-12.8-150kg/10a)
· 일반재배보다 생육이 왕성하여 수확시기가 약간 늦으므로 후작 선택 시에 유의하되, 특히 한지형의 경우 장마철과 수확기가 비슷하여 미숙된 구를 수확할 경우 구의 크기는 크지만 저장력이 약하므로 주의해야 한다.

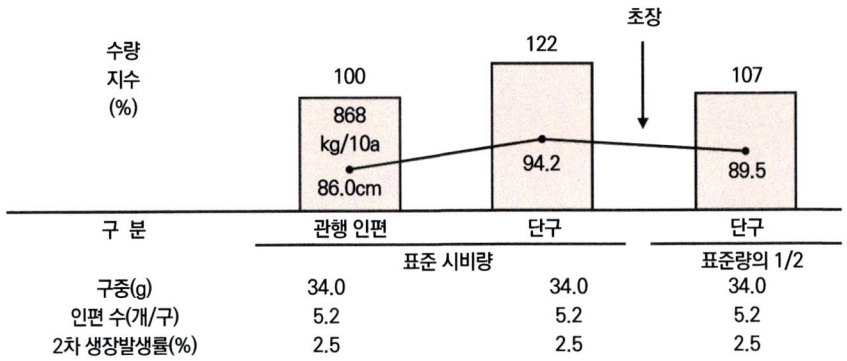

〈그림 42〉 시비량에 따른 수량(전북)

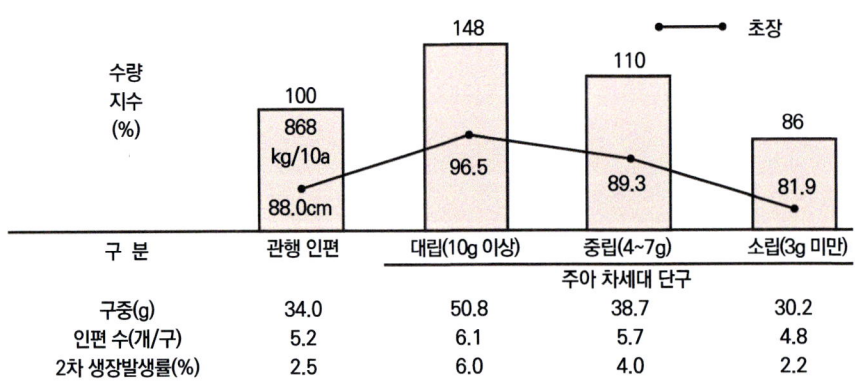

〈그림 43〉 단구(통마늘) 크기별 수량(전북)

· 수확시기를 앞당기고 저장력을 높이기 위하여 칼리비료(가급적 황산칼리)를 알맞게 주고, 종대를 수확기까지 두어 주아를 생산하면 어느 정도 문제를 해결할 수 있다.

나 모아심기

총포심기와 점뿌림·흩어뿌림·줄뿌림 재배의 단점을 보완·생력화한 방법으로서 주아 채취, 보관, 파종 전처리, 침종, 소독 등은 총포심기에 준한다.

(1) 주아 선별

- 1총포당 주아 수는 한지형의 경우 12~15개 정도이며, 주아의 크기는 0.05~0.6g 정도로 매우 다양하게 분포되어 있다. 평균 주아 무게는 0.2g 정도이고, 난지형의 경우 주아 수가 더 많으며 주아 무게도 무겁다. 그러나 무병종구의 경우에는 이병종구에 비해 주아가 월등히 커서 0.1~1.0g이 되며, 평균 주아 무게는 0.4g 정도이다.

표 48 　무병종구 주아의 성능

주아중	분포비율(%)	수확주율(%)	구중(g)	인편 수(개)	추대율(%)	주아 수(개)	총 개체 수(개)
0.8~1.0g	6	83	15.5	5.8	72	9.8	15.6
0.6~0.8	11	75	11.2	5.2	42	8.6	13.8
0.4~0.6	24	69	9.8	4.8	24	6.2	11.0
0.2~0.4	43	62	5.4	2.7	7	2.0	4.7
0.1~0.2	16	36	2.3	1.0	0	0	1.0
평균	-	62	7.9	3.7	21	1.5	5.2

- 대체로 큰 주아를 파종하면 정상적으로 추대하고 인편이 분화되는 분구마늘을 생산할 수 있으나 작은 주아의 경우에는 대부분 통마늘로 된다. 따라서 선별을 하지 않고 주아를 섞어서 파종하게 되면 재배관리 및 수확할 때 여러 가지 불편이 따르므로 반드시 크기별로 선별하여 재배하는 것이 효과적이다. 주아 1년 차 재배 시의 수확효율은 평균 62%로 주아가 클수록 높다.

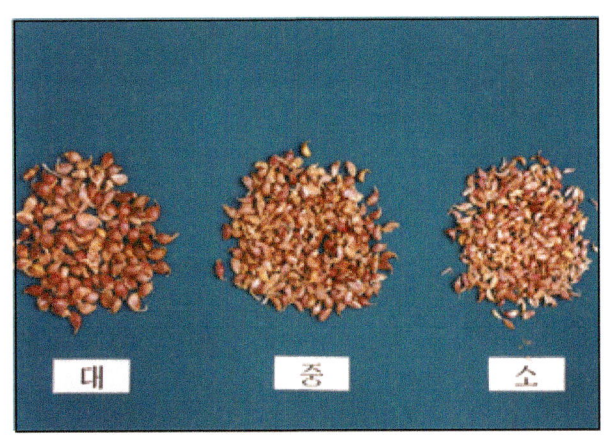

〈그림 44〉 주아 크기별 선별

- 0.4g 이상의 주아는 대부분 인편이 분화되어 5~6개의 인편이 생기며, 0.2~0.4g 주아는 30%가 통마늘, 70%가 분구로 되어 2~3쪽이 분화되나 0.2g 이하의 주아는 거의 통마늘이 된다. 또한 0.4g 이상의 주아는 추대되어 상당수의 주아를 재생산할 수 있어 증식에 이용할 수 있다.
- 주아는 인편과 달라서 크기가 일정하지 못하기 때문에 그냥 섞어서 파종하게 되면 발아 및 생육이 고르지 못하여 재배관리에 어려움이 따를 뿐 아니라 좋은 품질의 씨마늘을 생산할 수 없다.
- 따라서 주아는 반드시 선별하여 파종해야 하는데 보통 주아의 경우 편의상 대(0.4g 이상), 중(0.2~0.4g : 콩나물콩~메주콩 크기), 소(0.2g 미만)로 구분하여 재배하는 것이 효과적이며, 파종하기에 적당한 크기는 중 이상이 좋고, 0.05g 미만의 주아는 이용하지 않는 것이 좋다.

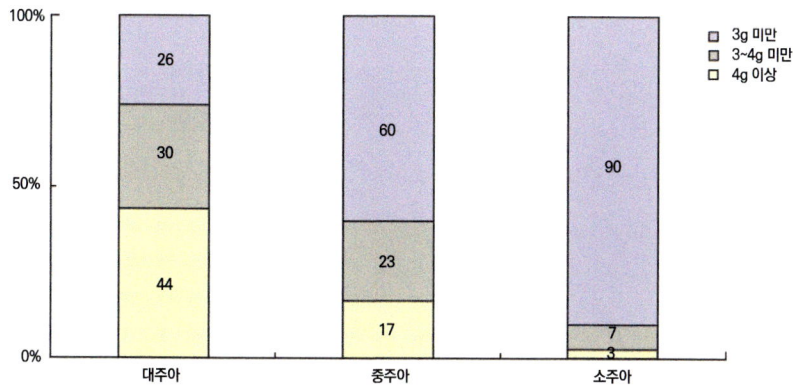

※대주아 0.41g 내외, 중주아 0.2g 내외, 소주아 0.08g 내외

〈그림 45〉 서산종 마늘 주아재배 1년 차 통마늘·분화인편 비율

(2) 파종

총포에서 분리한 주아를 1구에 4~12개(한지형 : 8~12개, 난지형 : 0.4g 이상 4~6개, 0.4g 미만 6~12개) 정도를 모아서 일반인편 1개에 준하여 파종하며, 파종간격은 대립은 15cm×10cm, 중·소립은 12cm×10cm로 하고, 2cm 깊이로 심는다.

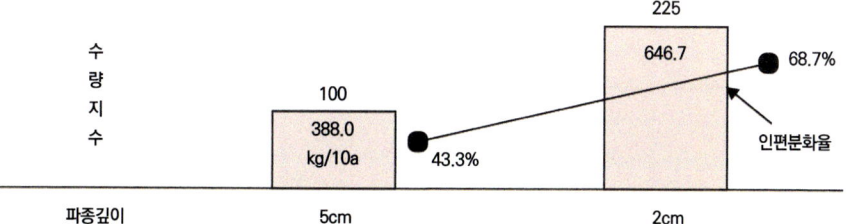

※ 인편분화율 : 5cm 깊이 파종 시 43%, 2cm 깊이 파종 시 68.7%
  사용 주아 무게 : 0.3~0.4g, 보온 방법 : 투명 PE 멀칭

〈그림 46〉 무병 주아의 파종 깊이별 수량과 인편분화율(충북)

(3) 재배지 관리

비닐피복, 시비, 싹 유인작업, 수확 등은 총포심기에 준한다.

다. 일반 주아재배법(점뿌림, 줄뿌림, 흩어뿌림)

- 점뿌림, 줄뿌림, 흩어뿌림 등이 있으며, 씨마늘 생산량이 적고 유인작업에 노동력이 많이 소요되므로 관수시설이 잘되어 있거나 봄에 비닐을 제거할 수 있는 곳에서만 사용한다.
- 선별된 주아는 크기별로 충분한 재식거리를 확보해야 정상적인 생육을 할 수 있는데 굵은 것은 점뿌림하고 잔 것은 줄뿌림 또는 흩어뿌림한다. 심는 깊이는 2cm 정도로 얕게 하고 재식거리는 점뿌림의 경우 주아 크기에 따라 5~10cm 간격으로 한다.
- 파종시기 : 총포심기에 준한다(일반재배보다 7~10일 일찍 파종).
- 비닐멀칭 : 일반재배에 준하되 점뿌림한 것은 구멍을 뚫어 유인하고 흩어뿌림이나 줄뿌림한 것 중 한지형 마늘은 씨 뿌림 골의 비닐을 찢어주거나, 스프링클러를 이용하여 수시 관수할 수 있는 곳은 비닐을 제거한다. 난지형 마늘은 비닐 대신 짚을 덮어 준다.

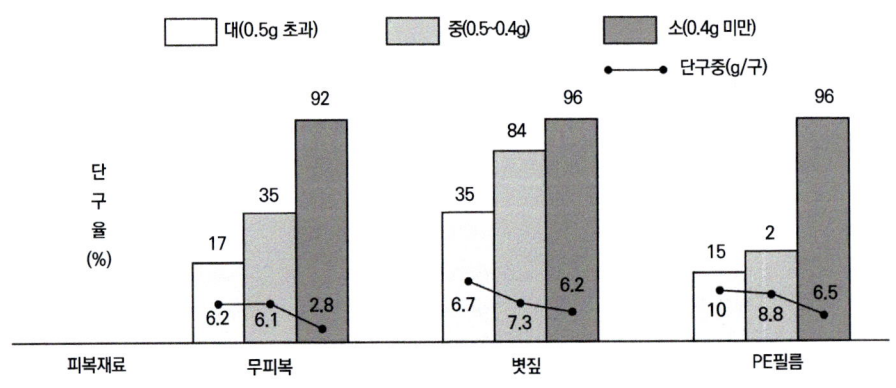

〈그림 47〉 주아 크기와 피복방법별 단구율(전북)

제Ⅴ장
마늘 조직배양

1. 마늘 조직배양
2. 외국의 마늘 무병주 생산 현황

01 마늘 **조직배양**

Growing Garlic

가 조직배양의 필요성 및 의의

마늘은 백합과 파속에 속하는 채소로서, 염색체 수가 2n=16이다. 마늘은 뿌리의 바로 윗부분에 있는 생장점이 꽃눈으로 분화하면 추대하여 꽃을 피우지만 염색체의 구조적 이상으로 감수분열이 정상적으로 이루어지지 않아 종자가 맺히지 않기 때문에 주아 또는 인편을 이용한 영양번식을 한다. 종자번식성 작물에서는 기존의 육종방법으로 품종을 개량한 결과 괄목할 만한 성과를 거두어 생산성 증대와 품질의 향상이 이루어졌지만, 영양번식성 작물에서는 기존 육종방법의 적용이 거의 불가능하므로 새로운 품종개량 방법이 요구되어 왔다. 식물의 잎이나 줄기, 뿌리 등의 일부분을 잘라서 그 표면을 살균한 후, 영양분이 들어 있는 시험관 내에서 무균적인 상태로 배양하면 새로운 식물체를 재생시킬 수 있다. 이처럼 식물에서는 세포가 어떤 조건하에서 정상적인 식물체를 형성할 수 있는 능력을 가지고 있으며, 식물세포의 이러한 재분화능력을 전체형성능(全體形成能)이라고 한다. 이와 같이 세포의 전체형성능을 이용하여 식물체 조직의 세포로부터 완전한 식물체를 분화시키는 기술을 조직배양(tissue culture)이라고 한다. 마늘과 같이 영양번식을 하는 작물의 병 중에서 가장 문제가 되는 것은 바이러스병인데, 이 병의 일반적 방제법은 지금까지 매개체인 진딧물의 방제 등 간접적인 방법이 재배적 측면에서 강구될 뿐 실제적 방제법은 확립이 되지 않았다. 식물체가 바이러스에 한번 감염되면 식물 전체에 번져 모자이크 무늬, 줄무늬, 위축 등 특유한 증상을 나타내고 대대로 전염되기 때문에 큰 문제가 되고 있다. 우리나라에서 재배 중인 마늘은 onion yellow dwarf virus(OYDV), leek yellow stripe virus(LYSV), garlic common latent virus(GCLV), shallot latent virus(SLV), GarV-A, GarV-B, GarV-C 및 GarV-D에 대부분 감염되어 있으며, 이는 재배를 거듭할수록 마늘의 품질과 수량의 감소를 초래하여 경제적으로 심각한 문제를 일으킨다. 그런데 마늘은 식물체 전체에 바이러스가 퍼져 있다 하더라도 뿌리의 바로 윗부분에 있는 생장점 조직 부위만은 바이러스가 거의 없다.

마늘의 생장점 조직을 인공배지에서 배양한 후 식물체를 양성하면, 이 식물체는 바이러스에 감염되지 않은 부위에서 유래되었기 때문에 바이러스가 걸리지 않은(virus-free) 개체가 되고, 이것을 바이러스에 걸리지 않도록 수년간 격리재배하여 증식시켜 농가에 보급한다. 마늘의 바이러스 무병화에 실용화되고 있는 방법으로는 생장점 배양과 캘러스 배양 방법이 있으며, 마늘연구소에서 체계화시킨 미숙주아배양 방법이 있다.

나 배지 및 식물생장조절제

마늘이 밭에서 자라기 위해서는 토양 속의 물과 각종 영양분, 퇴비나 비료들의 영양분을 흡수 이용해야 하는 것처럼, 식물조직배양에서 시험관 내의 식물체 역시 생장하기 위해서는 각종 영양분을 요구하게 되는데 이러한 영양분을 합하여 배지(培地)라 한다. 식물조직배양에서 가장 중요한 것 중의 하나가 배지이며, 배지의 성분은 식물체의 성분 분석 결과를 기초로 해서 만들게 된다. 배지의 성분으로는 배지의 대부분을 차지하는 물, 무기염류(다량원소, 미량원소), 설탕(sucrose), 식물생장조절제(옥신, 시토키닌 등), 비타민류, 배양체의 지지재료인 한천(Agar) 등이 필요하며, 주로 사용되는 기본배지에는 MS배지(Murashige & Skoog배지), B5배지(Gamborg배지) 등이 있다.

식물생장조절제 중 옥신류로는 IAA, IBA 등이 많이 사용되며, 시토키닌류로는 BA, Kinetin, 2iP가 많이 사용된다.

다. 생장점 배양

생장점 배양이란 바이러스에 감염되지 않은 마늘의 생장점 조직(경정조직)을 떼어내어 배양함으로써 경엽(shoot)과 뿌리(root)를 갖춘 완전한 식물체를 육성하는 기술이다. 바이러스가 없는 마늘의 생장점 조직(0.5mm 이하)을 인공배지에서 배양한 후 식물체를 육성하면 바이러스 무병개체가 되며, 바이러스가 제거된 무병종구는 지금보다는 우량 양질의 마늘과 다수성 마늘을 생산할 수 있으리라는 것이 연구의 배경이다.

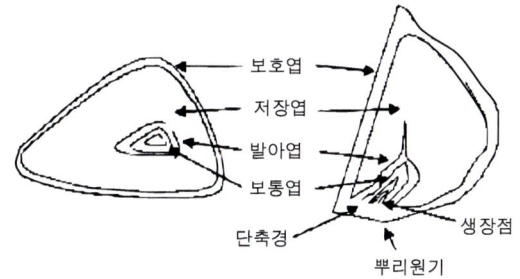

〈그림 48〉 마늘 인편의 단면도와 생장점 위치

인편에서 보호엽, 저장엽을 제거하고 무균작업대에서 살균한 후, 생장점 조직을 0.5mm 크기로 분리하여 배지에서 치상한다. 마늘 인편의 단면도와 생장점 위치는 (그림 48)과 같으며, 생장점 배양에 의한 마늘의 무병주 생산과정은 (그림 49)와 같다.

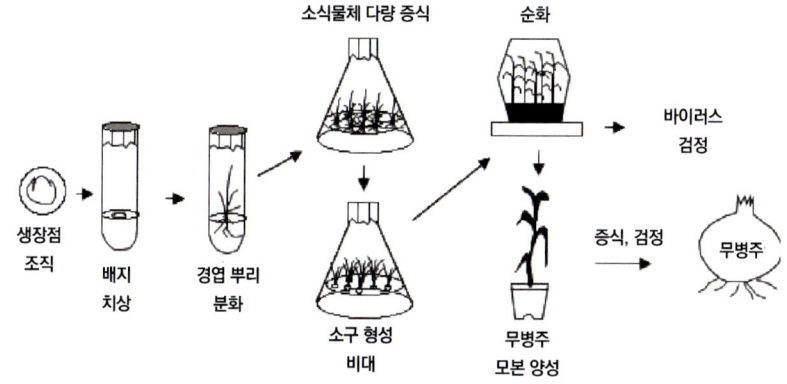

〈그림 49〉 생장점 배양에 의한 마늘 무병주 생산과정

라 캘러스 배양

　식물체에 상처를 낸다든지 접목을 하면 절단면의 형성층 부분에서 활발한 세포분열이 일어나 부정형의 세포덩어리가 형성되는데, 이 부정형의 세포덩어리를 캘러스(callus, 유상조직)라고 부른다.

　마늘의 캘러스 배양은 Abo El-Nil이 캘러스 배양을 통하여 배형성을 유도시켰다는 보고가 있은 후 국내에서도 마늘의 캘러스로부터 다수의 배형성 가능성을 보고한 바 있다.

　캘러스에서는 세포가 활발히 분열, 증식하고 있어 생장점과 마찬가지로 바이러스가 적고, 이 캘러스를 배지에서 배양하여 식물체를 육성하면 바이러스 무병개체가 되는 예가 많다. 캘러스 배양은 생장점 배양에 비해 식물체를 빨리 그리고 많이 생산한다는 장점이 있으나, 유전적인 변이를 초래하여 모식물체와 다른 증식체가 나올 가능성이 있다는 것과 배 발생(embryogenic)이 가능한 캘러스 생산이 어렵다는 단점이 있다. 노박(Novak,1974) 또한 생장점 배양이 캘러스 배양에 비하여 안정적인 핵형의 마늘 우량종구를 생산할 수 있다고 하였다. 캘러스 배양과 생장점 배양의 차이점은 생장점 배양의 경우 생장점 조직에서 경엽을 직접 분화시키지만, 캘러스 배양은 생장점 조직에서 캘러스를 유기·증식시킨 후 이 캘러스에서 다시 경엽을 분화시킨다는 것이다. 캘러스 배양에 의한 마늘 무병주의 생산과정은 (그림 51)과 같다.

〈그림 50〉 캘러스 배양

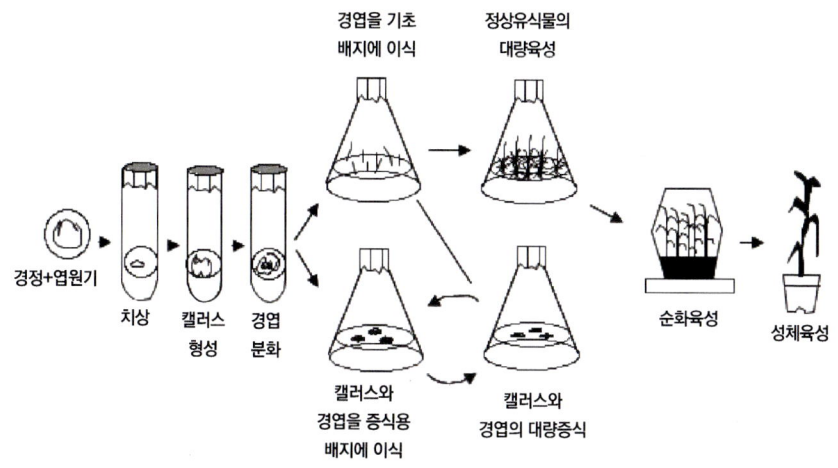

〈그림 51〉 캘러스 배양에 의한 마늘 무병주의 생산과정

마. 총포 배양(Involucre culture)

    총포 배양법은 미숙주아 배양법이라고도 하며 데버(Debere, 1976) 등이 리이크의 주아를 이용하여 구 형성을 유도한 이후 국내에서도 이 등(1992)이 마늘 총포를 이용하여 무병종구를 생산한 바 있다. 또한 서 등(1993)은 마늘의 미성숙 주아배양을 통한 급속증식이 가능함을 보고한 바 있으며, 양 등(1993)은 생장이 왕성한 시기의 화경의 길이가 5cm 미만으로 생육한 화경정단의 경우 인경의 생장점보다 바이러스에 감염된 경우가 더 적었으며(감염률 50%), 화경의 길이가 5cm 이상이고 총포가 지엽을 뚫고 나오기 직전의 화경 정단에서는 그 수가 더욱 감소하였지만(감염률 30%) 성숙한 주아는 모두 감염되었다. 이는 생체 내 바이러스의 증식과 이동속도가 추대의 생장속도에 미치지 못하는 기간인 지엽을 뚫고 나오기 직전까지는 바이러스 감염 정도가 감소하지만 시간이 경과할수록 추대의 생장속도가 늦어져서 바이러스 감염률이 높아지는 것으로 보고하였다.

    생장점 채취는 현미경으로 작업이 이루어지므로 숙련자에 따라 50~80개 정도의 생장점 치상이 가능하다. 그러나 생장점 치상 후 기내소구 수확까지는 약 7~8개월이 소요되며 생산량이 극히 적어 기내소구 1구당 생산비는 800~1,000원 정도가 소요된다. 그러나 최근 체계화된 총포 배양법은 5월 말경 치상하여 8월 중순경이면 기내소구의 수확이 가능하여 기내소구 생산기간이 3개월 정도로 단축될 수 있으며, 기내소구 1구당 150~200원 정도로 생산단가를 낮출 수 있다. 그러나 총포 배양은 바이러스에 감염되어 있지 않은 모본이 다량으로 필요하므로 필수적으로 생장점 배양을 통한 무병주 생산이 선결요건이다.

또한 난지형 마늘 중 대서마늘은 총포 내 미숙주아가 남도마늘에 비하여 기내에서의 생육이 왕성하지 못하여 충실한 구를 생산하지 못하는 결점이 있다. 남도마늘은 대서마늘에 비하여 우량한 기내소구를 생산할 수 있다.

※ 공시계통 : 단양종
　선택배지 : 1차 배양 MS배지+2iP 2mg/L+IAA 0.3mg/L+Agar 8.3g+Sucrose 30g
　2차 배양 MS배지+2iP 0.1mg/L+IAA 0.5mg/L+Agar 8.3g+Sucrose 70g

〈그림 52〉 총포를 이용한 마늘 우량종구 대량생산 방법(충북)

02 외국의 마늘 무병주 생산 현황

Growing Garlic

가 아르헨티나

아르헨티나의 마늘 재배면적은 1만ha(1999) 정도 되며, 생산량은 연간 8만 톤 정도로 절반 이상은 미국, 호주 등으로 수출된다. 10a당 생산량은 800kg 정도로 국내 1,100kg보다는 적은 수준이지만, 현재 조직배양에 의한 무병종구 생산 시스템을 확립하여 생산성이 점차 증가하고 있는 추세이다. 마늘 바이러스에 의한 수량감소는 43~53% 정도로 추산되며, 재배품종은 로사도 파라과요(Rosado Paraguayo)와 블랑코(Blanco) 등이다. (그림 53)에서 보는 바와 같이 무병주 생산 시 철저한 바이러스 검정 및 격리재배를 통하여 바이러스 재감염을 최소화하고 있으며, 최근 아르헨티나 정부는 마늘 종구에 대한 품질보증제를 도입하여 마늘재배 농민 및 수출기업에 보급하여 높은 호응을 얻고 있다.

나 필리핀

필리핀의 마늘 재배면적은 5,700ha이며 10a당 생산량은 278kg 정도로 낮은 수준이며, 양파와 샬롯의 재배면적은 7,890ha 정도로 생산량은 800kg/10a 정도이다. 이렇게 생산성이 낮은 원인은 필리핀의 열대성 기후와 오랜 영양번식을 통한 바이러스의 집적이다. 따라서 최근 필리핀은 태국으로부터 유전자원을 도입하여 생산성 증대를 위한 연구와 조직배양을 통한 무병종구 생산을 시도하고 있다.

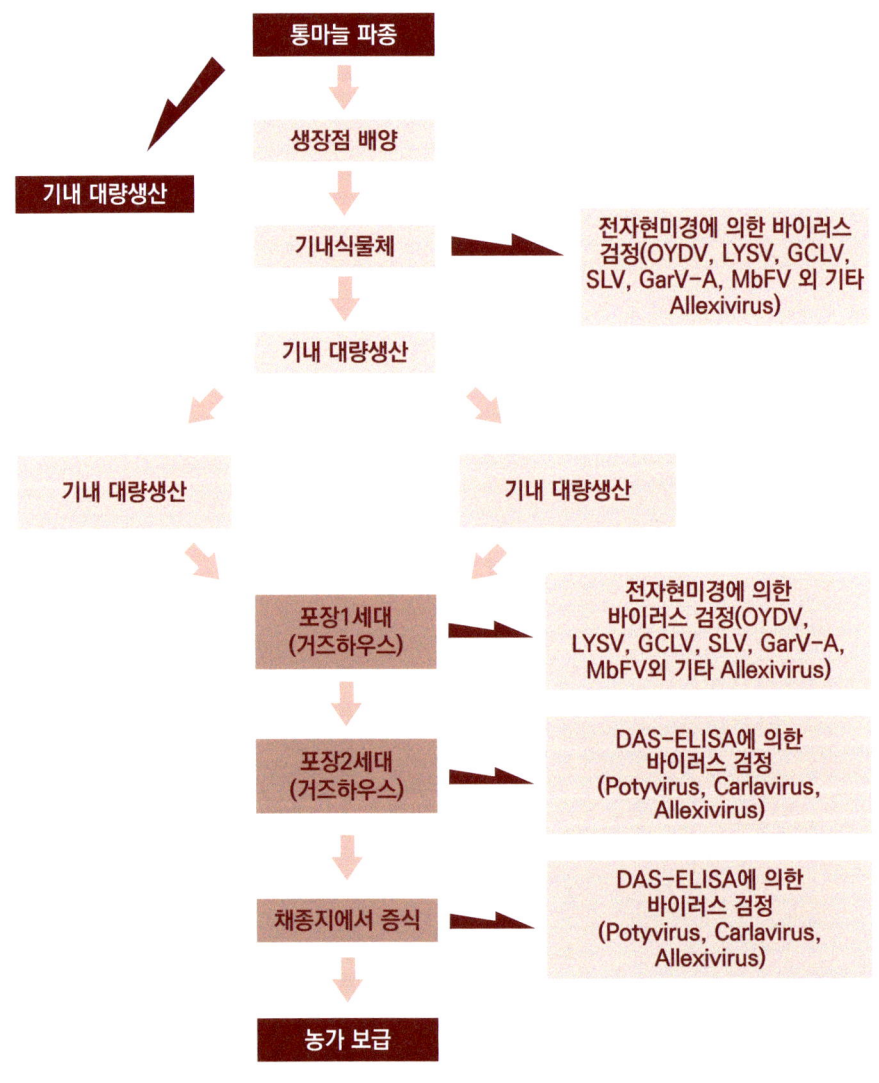

〈그림 53〉 아르헨티나 무병종구 생산 및 바이러스 검정 시스템

다 태국

태국의 마늘재배면적은 2만 3,699ha(1998), 10a당 생산량은 500kg이며, 샬롯의 재배면적은 1만 4,892ha, 생산량은 1,240kg/10a이다. 태국에서 마늘과 샬롯이 주로 생산되는 지역은 치앙마이(Chiang Mai), 람푼(Lamphun), 매홍(Mae Hong), 손(Son) 등으로 북쪽에서 많이 생산된다. 마늘을 생산하는 주요 작부체계는 벼를 수확한 후 마늘을 재배하는 형태로 우리나라 남부지역에서 재배되는 형태와 유사하다. 마늘 바이러스를 제거하기 위하여 40~60℃에서 1~2시간 열처리를 하여 조직배양을 하며, 아시아채소개발센터(AVRDC -The World Vegetable Center)와 공동으로 마늘 무병종구 생산 및 품종육종에 관한 연구를 수행하였다.

라 인도네시아

인도네시아의 마늘 재배면적은 2만 2,384ha 정도이며, 생산량은 0.62~0.73ton/ha 정도로 상당히 낮은 수준이다. 마늘 재배지역은 수마트라, 자바 등지이며 낮은 생산성 때문에 매년 6만 톤 정도를 태국과 대만으로부터 수입하고 있다. 인도네시아에서 보고된 마늘 바이러스는 OYDV, LYSV, SLV 등이며, 이 중 가장 많은 피해를 주는 바이러스는 OYDV와 LYSV이다. 마늘 조직배양에 관한 연구는 시작단계이며, 아직까지 마늘조직배양을 통해 무병주생산은 되지 않고 있다. 인도네시아에서 재배되는 마늘품종은 룸부히조(Lumbu Hijau), 타왕망구(Tawangmanggu), 룸부쿠닝(Lumbu kuning), 곰보(Gomboh) 등이며, 해발 700m 이상의 고지대에서는 고추의 후작으로 재배되는 형태가 많다.

마 뉴질랜드

뉴질랜드의 마늘 생산량은 연간 1,200톤 정도로 많지 않으며, 생산량 중 66% 정도가 호주 등지로 수출된다. 샬롯의 경우 연간 200톤 정도를 생산하며, 80% 정도가 일본, 미국, 호주 등지로 수출된다. 마늘의 조직배양 시 바이러스를 제거하기 위하여 38℃에서 3주간 저장하며, 이때 GCMV와 OYDV 등이 효과적으로 제거된다. 조직배양 배지로는 B5배지를 주로 사용하며 조직배양 방법은 생장점 배양과 순원기 배양을 통한 무병주 생산을 하고 있다.

 대만

대만은 11월경에 마늘을 파종하여 4월경에 수확하는 형태로 우리나라의 마늘 재배형태와 유사하며, 주 품종은 허메이(Ho Mei), 블랙리프(Black leaf), 화산(Hwa suan) 등이 재배되며, 생산량은 600kg/10a 정도로 낮은 편이다. 조직배양에 의한 무병주생산 시스템은 현재 확립 중에 있으며, 아시아 채소개발센터(AVRDC-The World Vegetable Center)와 공동으로 연구협력 중이다.

제Ⅵ장
병해충 및 생리장해의 진단과 방제

1. 주요 병의 진단과 방제
2. 주요 해충과 방제
3. 저장 중 발생하는 병해
4. 마늘의 생리장해 발생 원인과 대책

01 주요 병의 진단과 방제

Growing Garlic

우리나라 마늘에 피해를 주는 병해충은 병 13종, 해충 9종으로 22종 정도 알려져 있고, 주로 큰 피해를 주는 병해는 잎마름병, 흑색썩음균핵병, 바이러스 등이며, 해충으로는 고자리파리, 뿌리응애, 선충 등이 있다. 마늘밭에서 흔히 볼 수 있는 주요 병해충은 (표 49)과 같다.

표 49 마늘 생육기 피해를 주는 병해충 종류

구분	병해충	주발생기	방제약제
병	· 바이러스병	생육 전 기간	잎
	· 마늘흑색썩음균핵병	2월 하순~5월 초순	뿌리, 인경
	· 잎집썩음병(춘부병)	2월 하순~4월	전식물체(잎집)
	· 잎마름병	4월 하순~수확기	잎, 엽초경
	· 녹병	5~6월(수확기)	잎
해충	· 고자리파리	10~11월, 3~4월(난지형) 3~4월(한지형)	인경
	· 뿌리응애	생육 전 기간(특히 생육 초기)	인경
	· 구근선충	생육 전 기간	인경

보통 병해충 발생 피해는 가해자인 병해충, 먹이인 숙주식물, 주변환경 등 3대 조건에 좌우되어 피해 정도는 서로 다르게 나타난다. 이처럼 복잡한 과정을 거치면서 병해충이 발생되므로 발생상태에 대해 정확하게 이해하여 병해충이 발생되지 않도록 사전에 예방하는 것이 무엇보다도 중요하다.

가 바이러스(모자이크병, Garlic Mosaic Virus: GMV)

한국산 마늘에서 분리된 바이러스는 7종 가운데 응애 전염 모자이크바이러스(GMbMV)는 국내에서, 그리고 나머지 6종은 외국에서 진딧물에 의하여 전염된다는 것이 확인되었다. 마늘 바이러스병에 의한 피해 정도는 매우 심각하다. 조직배양으로 생산한 종구마늘이나 주아재배로 생산된 종구는 기존 마늘보다 15~56%가 증수된다.

(1) 병징과 발생경과

황록색 모자이크 증상이 잎 전면에 나타나며, 증상이 심하지 않을 경우에는 식물체의 크기가 건전주와 차이가 없으므로, 외관상으로는 구분이 힘들다. 심한 경우에는 생육이 불량하며, 여러 가지 바이러스가 중복 감염되면 더욱 위축되고 인경의 비대가 빈약해진다.

〈그림 54〉 바이러스 병징

마늘 모자이크바이러스(GMV)의 병징은 뚜렷하나 잠복 바이러스(칼라바이러스, Garlic Latent Virus: GLV)는 병징이 뚜렷하지 않다. 잠복 바이러스는 기주식물에 피해를 가해하지 않지만 다른 바이러스와 복합감염 시 심각한 피해를 주는 것으로 알려져 있다.

(2) 병원균

한국산 마늘에서 분리된 바이러스 가운데 6종(GMV, GLV, LYSV, OYDV, OYDV-G, WoYSV)은 진딧물에 의하여 전파된다는 사실이 외국에서 확인되었고, 응애 전염 모자이크바이러스(GMbMV)는 마늘혹응애(*Aceria tulipae*)에 의하여 전파되고 이 응애는 마늘의 종구에서 월동하여 대기온도가 20℃ 이상이 되면 마늘 식물체의 지상부로 이동하여 잎을 가해하여 특이한 증상인 잎의 말림과 황색 큰 무늬를 동반한 생육불량이 나타난다. 잎의 주엽맥을 따라 이동하면서 번식을 되풀이하여 밀도가 급속히 커져, 이웃 마늘로도 이동하여 응애 전염 모자이크바이러스(GMbMV)를 전파함이 확인되었다(구 등 1998). 마늘은 영양번식에 의하여 재배되므로 종구전염이 가장 큰 문제이다. 바이러스 입자 크기가 일정치 않아 500nm 미만에서 700nm 내외이다. GMV와 GLV는 모두 불활성화 온도는 55~60℃에서 10분 정도이며, 내희석성은 10^{-2}~10^{-3}배, 내보존성은 2일이다.

(3) 발생하기 쉬운 조건

- 저지대에서 몇 년씩 계속 재배할 때 많이 발생한다.
- 작업과정에서 병든 식물과 접촉하는 등 부주의할 경우 발생이 많다.
- 건조가 계속되며, 진딧물의 발생이 많으면 GMV가 많이 발생하기 쉽다.
- GMV의 이병성 품종을 재배하면 발생이 많다.

(4) 방제법

- 바이러스는 일단 감염되면 완전한 치료는 불가능하므로 가능한 한 피하는 것이 중요하다.
- 바이러스 감염이 적은 조직배양 종구나 고랭지 생산종구를 사용하거나 내병성 품종을 재배한다.
- 진딧물 등 매개충의 방제를 철저히 한다.
- 종구를 사용할 때 가급적 큰 우량종구를 사용한다.

나 탄저병

이 병은 마늘의 전 생육기를 통하여 발생하고 저장 중에도 발생한다.

(1) 병징과 발생경과

발병 부위는 잎 또는 마늘통에서 발생한다. 처음 외축의 잎이나 엽초의 하축 가까이에 여러 가지 모양의 암녹색 또는 흑색의 반점이 생긴다. 잎에 발생하면 끝부분부터 회갈색으로 되어 마르고 그 부분에 작은 반점이 많이 생긴다.

(2) 병원균

콜레트리쿰 코코데스(*Colletrixhum coccdes*)라는 곰팡이의 침입으로 일어나며 병반 위에 담황색 내지 담홍색의 포자층이 형성된다. 분생포자는 무색단포, 타원형 또는 방추형으로 만곡하고 크기가 $18 \sim 28 \times 3 \sim 4\mu$, 강모는 포자층에 존재하고, 암갈색으로 0~4개의 격막을 가지며, 크기는 $80 \sim 315 \times 3.7 \sim 5.6\mu$ 정도이다. 이 병균의 발아 최적온도는 20℃로 최저온도 4℃, 최고온도 34℃, pH는 최적 5.7이고, 2.4~9.2에서 번식한다. 병원균은 병든 조직에 형성되는 균핵의 형태로 흙 속에서 오랫동안 생존하므로 토양전염을 한다. 또한 종자에 붙은 병균이 제1차 전원염이 된다.

(3) 방제법

· 적용약제를 활용하여 종자소독을 한다.
· 발병이 심한 땅에서는 가급적 연작을 하지 않는다.
· 발병 초기부터 살균제를 살포한다.

다 잎마름병

〈그림 55〉 잎마름병 발생지 및 병징

마늘에서는 중부지방에서 5월경에 많이 발생하고, 파에서도 5월에서 11월 초까지 발생하며, 기주식물은 마늘, 파, 양파이다. 봄에 비가 자주 오는 해에는 5월 중하순경부터 잎에 발생이 심하고 피해가 크다.

(1) 병징과 발생경과

주로 잎에 발생하나 심하면 잎집과 인편에도 발생한다. 잎에서는 처음 회백색의 작은 반점이 형성되고, 진전되면 병반 주위가 담갈색을 띠고 중앙부위는 적갈색으로 변한다. 간혹 적갈색의 병반이나 흑갈색의 병반만 형성될 때도 있다. 병반이 상하로 길게 확대되고 심하면 잎끝까지 엽맥을 따라 변색된다. 후에 병반상에는 검은 곰팡이(분생포자)가 밀생한다. 이 검은 곰팡이는 균사 또는 분생포자로 병든 식물체의 잔재물에서 자낭각의 형태로 월동하며, 이들이 발아하여 생긴 분생포자나 자낭포자가 비산하여 공기 전염한다. 또한 종자내부에서 균사의 형태로 종자 전염하기도 한다. 주로 비가 자주 와서 다습해지면 발생이 많아지며 마늘 생육 후기에 쇠약할 때 많이 발생된다.

(2) 병원균

병균은 진균(곰팡이)의 일종으로 자낭균에 속하며 분생포자를 형성한다. 병원균은 3~32℃ 온도 범위 내에서 생육하고 비교적 고온을 좋아하나 분생포자의 발육적온은 20~25℃이고, 약산성에서 잘 발육한다. 단자경은 담갈색 내지 갈색이고, 격막 2~3개, 크기는 40~60×5.7~6.3μ으로 총생 또는 단생한다. 분생포자는 토양에서 월동하여 1차 전염원이 되는 것으로 추정되며 종구에 붙어 있는 병원균이 1차 전염원이 될 수도 있다. 2차 전염원은 1차 전염원에 의하여 형성된 병반에서 분생포자가 주위 포자에 만연한다. 강우가 많고 온도가 높은 연도에는 발생이 많으며, 질소질 비료의 과용으로 식물체가 도장하거나 질소비료가 부족하여 식물체가 연약하면 병 발생이 많아진다. 하우스재배나 연작하는 포장에는 병 발생이 증가한다. 토양산도는 pH 5.5~6.0 정도가 적당하며, 배수가 양호하고 부식이 충분한 토양에서 병의 피해가 적다.

(3) 방제법

· 종자 소독을 실시한다.
· 수확 후 병든 식물체는 일찍 제거하고, 이병 잔재물이 포장에 남아 있지 않도록 땅속에 깊이 묻는다.
· 발병이 많은 곳은 2~3년 간격으로 돌려짓기를 한다.
· 발병 직전 또는 발병 초기부터 공시약제를 살포한다. 마늘이나 파속 식물은 약제가 부착하기 어려우므로 전착제를 소정량의 2~3배 사용한다.
· 재배적인 방법으로 건전종구를 사용하고, 퇴비를 충분히 사용하며, 균형시비를 하여 식물체가 강건하게 자라도록 한다.

라 무름병(軟腐病)

박테리아(Bacteria)의 침입으로 발생하는데 생육 초기에 지제부로부터 발병해서 부패되고, 냄새가 나며 잎이 마르고 넘어진다. 마늘의 인편이 무르고 부패할 때도 있고, 비가 올 때 수확하면 저장 중에도 발병한다.

(1) 병징과 발생경과

지제부에서 발병하여 지하 연백부를 부패시키는데 녹색부에서는 처음 방추형 암녹색이고, 잎맥을 따라서 작은 방추형 수침상의 연화부가 나타나고 이것을 중심으로 상하로 진전되어 상부의 잎은 황변한다.

(2) 병원균

토양에 서식하는 세균의 일종으로 32~35℃의 고온에서 잘 번식하며, pH 6 이상의 중성이나 약알칼리 토양에서 잘 자란다. 병원균은 기주식물이나 잡초의 뿌리 근처에서 생존하며, 대개 표토로부터 15cm 이내에 분포하나 25cm 이상의 깊이에서 생존하는 것도 있다. 세균의 번식에는 토양 내의 다습조건이 필수적이며, 건조에 대한 저항력이 매우 약하다. 병원균은 식물의 표피를 뚫고 직접 침입하는 일은 없으며, 주로 관개수, 빗물, 토양곤충 등을 통하여 식물체의 상처 부위로 침입한다.

(3) 방제법

· 피해주는 발견 즉시 제거하고, 연작을 피하며, 2~3년간 볏과작물을 재배하는 것이 좋다. 이 병원균은 무, 양배추, 토마토, 감자, 강낭콩, 오이, 토란 등에도 발생되므로 이들의 작물이 부패했을 때는 그 토양에 마늘을 재배하지 않는 것이 좋다.
· 이 병은 석회 부족 시 발병이 많으므로 석회를 기준량을 준다.
· 질소비료를 너무 많이 주면 병 발생이 많아지므로 3요소의 균형시비를 한다.
· 세균성이면서 토양병해이므로 약제의 살포효과는 대단히 낮다. 따라서 예방적 살포를 하지 않으면 안 된다.
· 발병이 우려되거나 발병 초기에 공시약제를 살포한다.

 잎집썩음병(춘부병)

이 병은 외국에서는 춘부병이라 부르는데 3~4월, 10℃ 전후의 다습환경에서 발생하기 시작하여 수확기까지 계속 발병하나 봄에 많이 발생한다. 국내 마늘밭에서 발생되고 있으나 정확한 피해면적이나 기초연구가 이루어지지 않았다.

(1) 병징과 발생경과

생육 중기에 마늘의 잎집이 담갈색으로 변해 썩어 들어가고 진전되면 줄기 전부와 구까지도 부패한다. 지상부는 하엽부터 황화되기 시작하고 심한 포기는 전체가 부패 및 고사한다. 초기에는 잎의 엽맥을 따라 담갈색 줄무늬 모양으로 길게 변색되기도 한다.

(2) 병원균

음성 간상세균으로 1~4개의 편모를 가지고 있으며 생육온도 범위는 2~38℃이고, 생육적온은 27~29℃이다. 병원균은 운동성이 있어 배수가 불량한 토양에서 스스로 이동하여 전파될 수 있다.

(3) 방제법

· 수확 후 이병주는 제거하여 소각하고 생육기 중 발병주는 발견 즉시 제거한다.
· 배수가 잘되도록 하고 시설재배는 과습하지 않도록 관리한다.
· 마늘 잎집썩음병 적용약제를 살포한다.

바. 마늘 분홍썩음병(푸사륨병)

(1) 병징과 발생경과

인편의 상처로부터 감염되며 습기가 있을 때는 연부하고 건조할 때는 위축 건부되어 단단해져서 갈색으로 변하는데 표면에 백색의 분상물이 생길 때도 있다. 발생 경로는 마늘에서는 밝혀지지 않았으나 양파와 같이 종구에 붙어 기생하여 전염하거나 포자의 형태로 죽은 식물체나 토양 속에서 월동하고 이듬해 기주의 인경에 상처를 통하여 침입하는 것으로 추정된다.

(2) 병원균

푸사륨균의 일종인 균의 기생에 의하고 마늘과 양파에서 생기나 파에서는 볼 수 없다. 두 종류의 분생포자를 만드는데 대형의 포자는 건상이고 격막이 1~3개 있고, 크기는 25~42 × 4.5~6.3μ, 소포자는 단포 무색이다.

(3) 방제법

· 이 병이 발생된 지역에서는 2~3년간 다른 작물을 재배한 다음 마늘을 재배할 때는 토양 소독으로 석회질소를 10a당 40~50kg 시용한다.
· 씨마늘 소독을 철저히 실시한다.

 **오갈병**

이 병은 빠를 때는 4월부터 발생하나 대부분 5 ~ 6월경 많이 발생한다. 마늘 외에 파, 양파에도 발생한다.

(1) 병징과 발생경과

병징을 자세히 관찰하면 몇 가지 유형이 있다. 첫째로 한 포기 전체가 황변하고 현저히 작아지는 것이 있다. 둘째, 잎에 황색 또는 담황색의 모자이크 현상이 나타나고 잎이 구부러지며 위축되고 생육이 불량하다. 셋째, 잎은 보통색이나 반입은 없고 요철이 되어 파상을 나타내고, 기형이 되어 포기 전체가 위축되고 구부러져서 생육이 불량하다. 넷째, 잎에는 황색의 반입이 있으나 구부러지지 않으면서 생육이 불량한 것이 있다. 다섯째, 잎은 황변하고 구부러지나 병반은 없다. 이상과 같이 이 병에 걸리면 생육이 현저히 저해될 뿐만 아니라 잎이 일찍 마르므로 쉽게 발견할 수 있다. 오갈병은 마늘 종구(종자)와 진딧물, 총채벌레 등에 의하여 전염된다. 특히 마늘은 영양번식을 하므로 인편에 감염되었던 것을 파종하면 나타난다.

(2) 병원균

우리나라에서 재배되고 있는 마늘은 거의 바이러스(Virus)에 감염되어 있으며 감염된 바이러스의 종류는 대개 모자이크 바이러스(Garlic Mosaic Virus)와 잠재 바이러스(Garlic Latant Virus)로 알려져 있다. 바이러스에 걸리면 마늘은 수량과 품질이 급격히 떨어진다.

(3) 방제법

· 종자 마늘은 반드시 건전한 것을 선택하여 파종한다.
· 마늘은 채종포를 설치해서 이병주는 발견 즉시 제거한다.
· 이 병의 전염을 막기 위하여 진딧물, 총채벌레 등을 철저히 구제한다.

아 흑색썩음균핵병(White rot)

파에서 발생되었으나 마늘에는 1988년 전남 고흥군에서 발견된 후 전국적으로 발생되고 있으며, 최근에는 난지형 마늘에서 가장 치명적인 피해를 주는 병이 되고 있다. 현재 전남, 경남, 제주, 충남 일부 지역의 주산단지에서 발생되어 피해를 주고 있고 양파, 쪽파에도 발생되고 있다. 이 병은 토양전염성 병해로 일단 발병된 재배지는 매년 되풀이하여 발생되어 현재까지 특별한 방제법이 없기 때문에 항상 경계하여야 할 병이다.

(1) 병징과 발생경과

이 병의 숙주작물은 마늘, 양파, 대파, 쪽파 등 파속 작물로 알려져 있다. 병원균이 균핵상태로 토양에 잠복해 있다가 마늘 파종 후 뿌리에서 나오는 분비물에 유인되어 발아하여 뿌리, 인경, 잎으로 발생한다. 인경에는 처음 흰 균사가 표면에 나타나고, 진전되면 인경 전체가 흑색으로 변해 썩는다. 후에 인경과 뿌리가 변색되어 썩고, 심하면 지상부 줄기까지 물러 썩는다. 지상부의 잎은 아래쪽부터 누렇게 변하고, 심해지면 포기 전체가 갈색으로 변해 말라 죽는다. 파종 후 2개월째부터 수침상으로 뿌리가 부패하는 증상으로 나타나기도 하지만 월동 후 많이 발생한다. 피해주의 줄기나 잎은 시들거나 황변되지만, 반점 등의 증상이 없어 생리장해처럼 보이나 뽑아 보면 인경 표피에 깨알 모양 또는 부스럼 형태의 흑색균핵이 다수 형성되어 벼멸구 피해처럼 군데군데 괴멸, 고사된다. 논마늘에서는 거의 찾아볼 수 없으나 밭마늘에 주로 발생되고 처음에는 재배지에 농기계가 들어가는 입구나 가장자리에 발생되다가 매년 피해면적이 확대되어 가고 있다. 균핵의 크기는 보통 0.5~0.6mm로서 다른 균핵병보다 매우 작다. 균핵은 15~20℃ 범위에서 가장 양호하게 형성된다.

표 50 ▶ 마늘 흑색썩음균핵병 피해주의 뿌리 고사율

구분	2월 중순(2/16)				3월 상순(3/7)			
	조사근 수 (개/주)	고사근 수 (개/주)	뿌리고사율(%)		조사근 수 (개/주)	고사근 수 (개/주)	뿌리고사율(%)	
			평균	범위			평균	범위
피해주	37.9	21.2	55.9	0-100	26.7	24.2	90.6	16.0-100
건전주	32.2	0	-	-	34.6	4.5	13.0	7.1-25.0

(2) 발병조건

주로 주산단지의 연작지대에서 뿌리응애, 선충, 고자리파리 등의 피해와 동시에 발생한다. 여름에는 땅속에 휴면상태로 있다가 9~10월 식물체 지하부에 침입, 기주에서 월동한 다음 이른 봄부터 4월까지 발생하며, 지온이 25℃ 이상이 되면 휴면에 들어간다. 병원균은 병 발생 정도가 마

〈그림 56〉 흑색썩음균핵병의 지상부 병징

을단위로 나타나는 것으로 보아서 병든 재배지에서 사용했던 트랙터, 쟁기 등의 농기계에 의해 인접한 건전한 밭에 퍼지게 되고 병든 식물체의 잔재물을 퇴비로 사용할 경우도 전염원의 하나로 추정된다. 한편 균핵이 마늘이나 쪽파 등의 종구에 잠복해 있다가 오염지역과 비오염지역 간 종구교환이나 구입 재배 시 전염될 가능성이 높다.

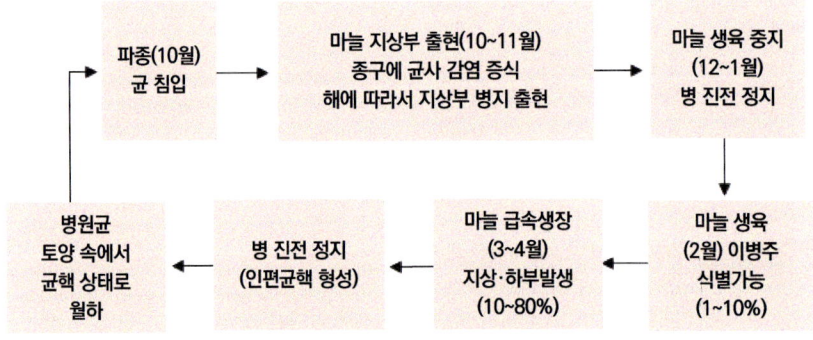

〈그림 57〉 흑색썩음균핵병의 발생경로

(3) 방제법

지금까지 발표된 방제법으로는 완전 방제가 어려운 것으로 알려지고 있다. 다만 병원균의 병원원을 사전에 차단하는 것이 효과적이라 생각되며 일단 지상부에 피해가 나타나면 방제가 어렵다.

· 오염지역에서는 농기계 공동사용을 하지 않는 것이 좋으며, 사용 후 반드시 농기계를 소독세척 후 사용한다.
· 병든 포기는 일찍 제거하여 잔사물을 없애고, 피해를 받았던 식물체는 퇴비로 사용하지 않는다.
· 영양번식 파속 작물 종구 구입 시 균핵병의 감염 여부를 확인 후 건전종구를 구입한다.
· 답전윤환이 가능한 지역이나 이모작이 가능한 지역은 벼 재배로 효과적으로 방제할 수 있다.
· 발생이 심한 포장은 4~5년 파속 식물 외의 작물로 돌려짓기 한다.
· 종구소독법 : 종구 1kg당 베노람수화제 4g을 분의 처리한다.
· 토양소독법 : 가스훈증에 의한 방법으로 땅이 건조할 경우 멀칭 직전에 물을 살포하여 실시하며 소독방법은 마늘 파종 2~3일 전에 다조메입제 30kg/10a 살포 → 경운 → 비닐멀칭 → 경운 → 발아검사 → 파종 순으로 처리한다. 비닐밀폐소독 후 다시 경운 파종하므로 이 방법은 토양 미생물까지도 전멸시켜 작물생육에 더 큰 부작용도 우려되고 있다.

· 생육기 방제법 : 마늘 흑색썩음균핵병 적용약제를 살포한다. 이 병의 균핵 대부분은 마늘 수확 후 종구에 붙어 있거나 마늘 주변 흙에 잔류되어 후작물 재배를 위한 경운 정지작업을 할 때 토양과 혼합되어 잠복해 있다(표 51).

표 51 마늘 수확기 흑색썩음균핵병의 균핵 분포

구분		균핵 수 (개/30g토양)	분포 비율 (%)
마늘		1,324	78.4
표토 깊이	0~5cm	289	17.1
	5~10cm	55	3.3
	10~15cm	12.7	0.7
	15~20cm	7	0.4
주간 사이		0.3	0.02
계		1,688	100

〈그림 58〉 흑색썩음균핵병 발생지 (전남 무안)

02 주요 해충과 방제

가 고자리파리

(1) 피해

유충(구더기)이 마늘, 양파, 파, 부추와 백합과 화훼류 뿌리나 인경을 가해하여 아래 잎부터 노랗게 말라 죽는다.

〈그림 59〉 고자리파리 성충(왼쪽)과 유충의 뿌리가해(오른쪽)

(2) 형태

성충의 수컷은 몸길이가 5~7mm이고, 겹눈 사이는 암컷에 비해 작으며 눈 주위는 백색이다. 촉각은 검은색이고, 가슴은 담갈색 또는 회황색이고 배면도 회황색이며 중앙에 암갈색 종선이 있다. 노숙 유충은 8~10mm의 구더기로서 몸 넓이는 2mm 정도이다. 번데기는 방추형이고 적갈색 타원형이다.

(3) 생태

연 3회 발생하고 남부지방에서 발생 최성기는 4월 중순, 6월 하순, 9월 하순, 10월 상순이며, 중부지방에서는 1주일 정도 늦어진다. 가을에 발생한 유충은 번데기로 월동하여 4월부터 변태하여 성충이 된다. 알은 잎집 틈새, 주위 흙 틈에 보통 50~70개를 낳는다. 1세대 번데기는 성충이 된 다음 세대를 더 지낸 뒤 번데기로 여름잠(夏眠)에 들어가거나 성충 상태로 여름잠에 들어가는데 여름철을 땅속에서 지내고 가을에 성충이 되어 양파 모판, 마늘 본밭 등에 산란한다.

〈그림 60〉 고자리파리 피해(단양)

표 52 약제처리시기별 마늘 고자리파리 방제효과

약제처리 시기	피해 주율(%)	방제가(%)
1) 파종기 + 3월 상순	8.0	85.7
2) 파종기 + 3월 중순	13.0	76.8
3) 파종기 + 3월 하순	20.0	64.3
4) 3월 상순 + 3월 하순	21.3	62.0
5) 무처리	56.0	0

※ 공시약제 : 카보입제 (5kg/10a)

(4) 방제

미숙한 유기질 비료의 사용을 피한다. 그리고 적용약제를 사용 적기에 살포한다.

 나 마늘 뿌리응애

(1) 피해

뿌리의 끝에 모여서 집단으로 가해하여 뿌리가 떨어지거나 구근 내부까지 썩는다. 또한 락교나 마늘은 저장 중에 증식하여 큰 피해를 받는다.

(2) 형태

응애는 좁쌀 모양 또는 서양배 모양으로 성충이 0.7mm 정도로 아주 작다. 몸은 유백색이고, 반투명하지만 다리와 턱은 암갈색을 띤다.

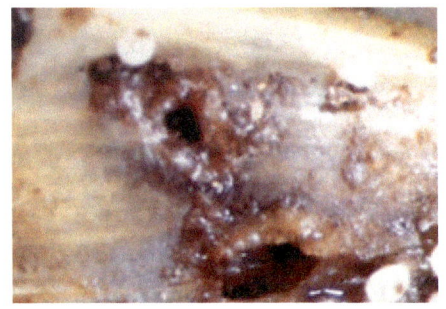

〈그림 61〉 부패부의 응애

(3) 생태

구근 또는 땅속에서 각태로 겨울을 지낸다. 연 발생횟수는 지방에 따라 다르나 따뜻한 지방에서는 십 수 세대를 경과하고 고온다습 조건에서 번식이 왕성하며 1세대가 10~14일이다. 어른벌레는 구근의 표면이나 인편에 몇 개씩 알을 낳는다. 모래땅이나 화산회토, 산성토양, 유기질이 많은 밭에 발생 및 피해가 많다.

(4) 방제법

· 뿌리응애가 발생하지 않은 밭의 마늘을 종구로 사용한다.
· 종구소독을 한다.
· 적용약제를 사용 적기에 살포한다.

다 마늘 구근 선충

(1) 피해

기주에 따라 다르나 마늘이나 양파의 경우 애벌레와 어른벌레가 껍질과 껍질 사이에 침입하여 즙액을 빨아먹어 영양결핍을 일으키고 심하면 건부(乾腐)현상을 일으킨다. 지상부 생육은 물론 쪽의 생육이 극히 불량하게 되며 저장 중에도 계속 가해하여 저장 중에 많은 피해를 가져온다.

(2) 형태

암수 모두 질모양의 비교적 큰 어른벌레로 꼬리가 뾰족하다. 암컷의 크기는 1.4~1.5mm로 교접낭을 갖고 있다. 애벌레의 크기는 0.3~0.5mm이다.

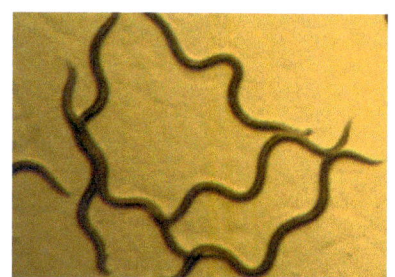

〈그림 62〉 현미경으로 본 선충

(3) 생태

사질토로서 습도가 많은 곳에서 잘 번식하고 비가 올 때 활동을 많이 하며 피해도 이때가 심하다. 마늘이나 양파의 경우 애벌레 상태로 껍질 내에서 겨울나기를 하여 주전염원이 된다. 암컷 어른벌레는 반드시 교미해야만 알을 낳으며 한 마리가 207~498개의 알을 약 1개월 동안에 낳는다. 알 기간은 5~6일, 애벌레 기간은 7~11일, 어른벌레 기간은 40일 정도이다. 1세대 경과기간은 15℃에서 20~25일이며, 마늘 생육기간 동안 3회 정도 발생할 수 있다.

(4) 방제법

마늘에 선충이 기생하면 마늘의 생육이 불량해지고, 잎 끝은 뒤틀려지는데 그 정도는 새로 전개되어 나오는 어린잎일수록 그 증상이 심하고 나중에는 잎 끝이 마르기도 한다. 선충이 마늘에 기생하면 바이러스의 이병 역시 용이하게 되므로 마늘의 퇴화를 촉진하게 되어 수량은 격감하게 된다. 선충 발생을 방제하기 위해 적용약제를 사용 적기에 살포한다.

〈그림 63〉 마늘 선충 피해

03 저장 중 발생하는 병해

저장 중에 여러 가지 병해충이 발생하여 피해를 주는데 주로 발생되는 병해는 마른썩음병, 푸른곰팡이병, 잿빛곰팡이병, 자주점무늬병 등이며, 해충은 뿌리응애, 마늘혹응애, 구근선충 등이다. 저장 중 병해충 발생은 마늘의 건조 정도와 상처 여부에 따라 그 피해 정도가 달라진다. 수확 후 인경을 잘 건조시키면 포장에서 따라오는 병해충의 대부분을 없앨 수 있거나 밀도를 줄일 수 있다. 또한

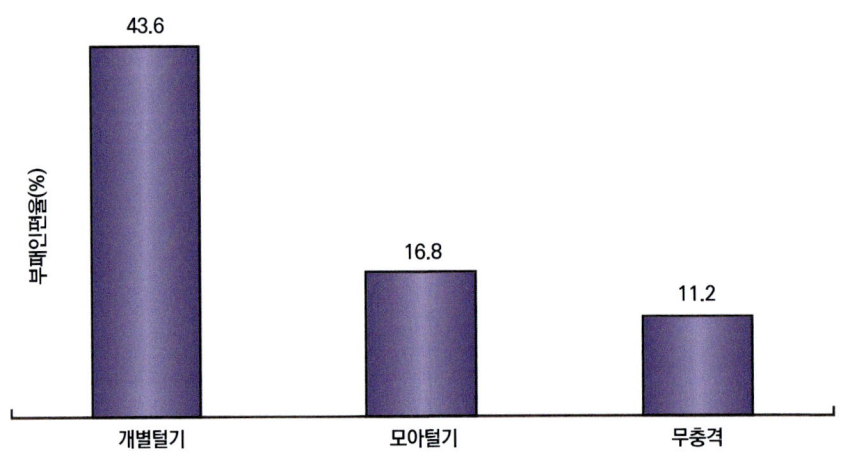

〈그림 64〉 수확 시 흙 털기 방법이 인편부패에 미치는 영향

통풍이 잘되는 곳에 저장하면 저장 중에 병의 침입을 막을 수 있다. 수확 중 흙 털기 작업으로 충격을 받아 물러진 마늘이나 상처 난 마늘은 저장 중 부패를 조장하므로 장기저장할 때는 고르기 작업을 철저히 한다.

가 마른썩음병(건부병)

- 수확 후 고온기가 지속되는 여름부터 가을까지 발생한다.
- 병징은 처음에 담갈색의 움푹 들어간 부정형 병반을 형성하고 진전되면 인편 전체가 마른 상태로 부패하며 병반상에는 흰색의 균사 및 포자가 밀생한다.
- 발생 원인으로는 토양 중의 병균이 수확 시 종구에 묻어 저장 중에 병이 발생하고 특히 다습하고 고온기인 여름철에 피해가 크고 상처가 있는 인편부터 발생한다.

〈그림 65〉 저장 중의 마른썩음병의 병징

〈그림 66〉 저장 중 푸른곰팡이병의 병징

나 푸른곰팡이병(청미병)

- 병징은 마늘쪽 아랫부분이나 상처 부위부터 회색 내지 다갈색으로 부패되며 심하면 인편 전체가 푸른곰팡이로 뒤덮인다.

- 발생 원인은 생육 중 작업이나 수확 시 상처로 인한 인편을 통하여 병원균이 감염되어 있다가 저장 중 발생하는데 비교적 넓은 온도 범위에서 생존하므로 겨울이나 이른 봄 또는 저온저장고에서도 피해가 크다.

다 자주점무늬병

- 병징은 마늘쪽에 자색의 소형 반점이 형성되고 점차 심해지면 흑갈색으로 변한다. 마늘쪽 전체가 부패하는 일은 적고, 작은 적갈색 반점이 형성되어 상품가치를 저하시킨다.
- 발생 원인은 생육 중 마늘잎이나 줄기에 자색의 반점을 형성하고 심하면 잎 전체가 고사하는 경우가 생긴다. 이때 병반 사이에 형성된 분생포자가 빗물을 타고 인편 부위로 내려와 감염되는데 저장 중 알맞은 환경이 주어지면 발생한다.

라 잿빛곰팡이병(회색미병)

- 병징은 마늘쪽을 담갈색으로 부패시키며, 진전되면 인편에 균핵을 형성하고 인편 껍질부에 검은 분생포자가 무수히 형성되나 큰 피해는 없다.
- 발병원인은 푸른곰팡이병 발생 원인과 비슷하다.

표 53 저장마늘 병해 발생조사

재배형 조사지역	이병 인편율(%)	발생 피해(%)		
		마른썩음병	응애	기타병해
난지형 무안등	30.8	7.9	4.8	18.1
한지형 3개지역	20.3	4.7	5.6	10.0
평균	25.6	6.3	5.2	14.1

※ 마른썩음병 : *Fusarium oxysrum*
응애 : 혹응애, 뿌리응애
기타 : 갈색반점(여러 가지 병원균이 관여함)

마. 저장 중 갈변증상 원인 및 방지대책

(1) 마늘 갈변증상의 실태

최근 4~5년 전부터 마늘을 수확하여 3~4개월 정도 지나면 초기에는 인편에 갈변증상이 나타나다가 점차 썩어 상품성을 잃는 경우가 많다. 특히 1996년의 경우 여름철 고온 다습으로 인하여 한지형 마늘 재배지역에서 갈변증상이 심하게 발생하였다. 이와

〈그림 67〉 저장 중 갈변마늘

같이 갈변증상의 피해가 심한 지역의 경우 소비자의 구매 기피로 판매에 어려움이 있을 뿐만 아니라 판매된 마늘로 인하여 지역 명성도 잃게 된다. 따라서 방지대책을 소홀히 할 경우 마늘재배농가에 큰 타격을 준다.

(2) 저장 중 갈변증상의 원인

- 파종 후 가을에 비닐을 피복하여 봄에 걷지 않고 수확 시까지 그냥 두었을 때
- 잎마름병으로 인해 잎이 말라죽어 덜 여문 마늘을 일찍 수확하였을 때
- 3년 이상 이어짓거나 지나치게 질소비료를 많이 주었을 때
- 건조가 잘 안 되었을 때와 통풍이 잘 안 되는 곳에 보관했을 때
- 종구소독 및 살충제 소독을 실시하지 않았을 때(뿌리선충으로 인한 갈변증상)

(3) 방지대책

- 가을에 피복한 비닐은 가급적 4월 중하순경에 제거토록 하고, 제거하지 않았을 때는 비닐 전체를 골에 있는 흙으로 2~3cm 정도 덮어 주어 인편조직을 단단하게 키운다.

- 적기에 잎마름병을 방제하고, 잎마름병 발생 시 적용약제를 뿌려주며, 덜 여문 마늘을 일찍 수확하지 않도록 한다.
- 3년 이상 이어짓기를 피하고 비료는 시·군 농업기술센터나 농업기술원의 토양 검정결과에 의하여 진단시비를 실시한다.
- 수확한 후 마늘의 수분함량이 65% 정도 되도록 통풍이 잘되는 곳에서 건조하여 저장한다(이때 자연건조의 경우 2~3개월 정도 걸리나 벌크건조기(2~4일)나 다목적 곡물건조기(3~4일)에 40℃로 건조 후 저장할 경우 갈변증상이 나타나지 않았다).
- 마늘선충은 종구에 기생하므로 소독한 후 파종한다.

바 종합방제법

- 재배 중이나 수확 시 종구에 상처가 나지 않도록 주의한다.
- 재배 시 계분 등 유기질 비료의 과용을 피한다.
- 비 오는 날에 수확하거나 비를 맞히지 않는다.
- 통풍이 양호한 서늘한 장소에 보관한다.
- 적기에 수확한다.
- 파종 시 건전한 종구를 파종한다.

표 54 ▶ 지역별 병해 발생조사

조사지역	발생률(%)	발생 피해		
		마른썩음병	응애	기타병해
태안	22.7	7.5	5.2	10.0
무안	32.5	6.4	5.0	21.1
남해	29.7	7.9	4.4	17.4
평균	28.3	7.3	4.9	16.1

표 55 저장마늘에서 분리되는 병원균

병명	병원균	피해정도
마른썩음병(건부병)	Fusarium oxysprum	+++
푸른곰팡이병(청미병)	Penixillium hirstum	+++
잎마름병(점무늬병)	Stemphylium botryosum	++
잿빛 곰팡이(회색미병)	Botrytis byssoidea	+
-	Fusarium sp	+
-	Embellisia allii	±
-	Alternsria alternate	-

※ +++ : 피해가 매우 많음　　++ : 피해가 많음　　+ : 피해가 있음
　± : 피해가 적음　　　　- : 피해가 없음
※ 세균도 일부 분리됨

- 수확 후 선별 시 상처나 병해충에 이병된 것을 철저히 제거한 후 보관한다.
- 저온저장을 하면 피해를 줄일 수 있다.
- 파종 시 종구 소독을 반드시 실시한다.
- 생육 중 잎마름병을 철저히 방제한다.
- 고자리파리나 응애의 피해가 없도록 약제를 살포한다.

04 마늘의 생리장해 발생 원인과 대책

Growing Garlic

　마늘이 자라는 과정에서 여러 가지 기상조건, 즉 온도와 광, 수분 외에 토양 영양분의 상호작용 등이 큰 영향을 미친다. 특히 지나친 고온과 인편분화기 때 다량의 강우 및 과다한 질소시비, 연작에 따른 특정 영양분의 결핍 등은 생리장해를 유발하는 원인이 되므로 적정한 예방대책이 필요하다. 특히 벌마늘 발생과 잎끝마름병 현상 그리고 최근에 남부일원에 많이 발생되고 있는 스펀지 마늘은 상품성 및 수량성에 큰 저해요인이 되므로 사전 예방대책이 요구된다.

가 벌마늘

　2차 생장이라고도 하는데, 잎 생장이 활발한 4월부터 눈에 띄는 현상으로 잎 사이에 새로운 잎이 자라나 옆줄기가 터지고 심하면 꽃줄기(장다리)가 생긴다. 벌마늘의 유형으로는 보호엽만 생장하는 경우, 보호엽과 함께 저장엽·맹아엽·보통엽이 모두 계속적으로 자라는 경우, 생장이 더욱 진전되어 손자 인편이 착생되는 경우, 불완전 추대하면서 총포 안에서 주아가 재생장하는 경우 등으로 구분되는데 발생이 심할 경우 인편이 많이 생기고 작아서 상품가치를 상실한다.

(1) 벌마늘 발생조건

여러 가지 기상조건 즉 온도, 광, 수분 등이 마늘의 생육에 큰 영향을 끼치는데, 특히 지나친 고온, 인편분화기를 전후하여 다량의 강우 시, 마늘에 대하여 인위적 저온처리를 하는 경우, 생육기간에 단일 조건 부여 시에 벌마늘이 발생한다.

(2) 벌마늘 재배환경

- 질소질 비료를 많이 사용하거나 웃거름을 늦게까지 계속해서 주는 경우
- 사질토양에서 재배할 때
- 파종적기보다 일찍 파종했을 때
- 관수를 지나치게 자주 했을 때
- 주아를 일찍 제거했을 때 많이 발생하는 것으로 알려지고 있다.

(3) 벌마늘의 발생대책

- 씨마늘을 선별할 때 7g 이상의 큰 인편은 제외하여 파종하지 않는다.
- 사질토양 재배를 지양한다.
- 적정 파종기를 준수한다.
- 질소질 비료의 지나친 시비 및 인편분화기 이후 추비를 금지한다.

나. 마늘잎끝마름현상(엽선단 고사)

생육 초기인 봄과 생육 중기 이후 기온이 25℃ 이상 올라갈 때 생육이 정지되고 잎이 누렇게 변색되는 현상을 말한다. 원인은 땅이 너무 습하거나 건조하여 칼리 흡수장애가 일어나고 또한 생육 후기의 가뭄에 의한 석회흡수 장애로 알려지고 있다. 대책으로는 장기간 가뭄 때는 1~2회 관수를 실시하여 뿌리에 있는 영양공급을 원활히 해 주고 퇴비를 매년 1,500~2,500kg 정도 시용한다. 산성지역은 석회 120~150kg/10a를 주어 산도를 교정하고 균형시비하며 웃거름을 알맞게 나누어 준다. 특히 칼리가 부족하지 않도록 한다.

표 56 마늘 잎끝 마름현상의 발생 원인과 대책

구분	원인	대책
마늘잎끝마름현상 (엽선단 고사)	· 토양이 너무 건조하거나 습하면 칼리 흡수가 되지 않아 잎끝 마름 현상이 발생한다.	· 토양습도 알맞게 유지 · 석회 10a당 100~150kg 사용 후 깊이 갈이 실시 · 퇴비 10a당 1,500kg 이상 주고 칼리거름 알맞게 사용, 살균제 살포

다 통터짐마늘(열구)

주로 난지형 재배지역에서 발생률이 많은데 이는 마늘 종구를 얕게 심거나 모래땅에서 재배할 때 그리고 수확기가 늦을 때에 많이 발생한다. 대책으로는 구 비대기에 영양분이 과도하게 흡수되지 않도록 하고 매년 많이 발생하는 지역에서는 파종할 때 종구가 일정한 지표면의 토압을 받도록 약간 깊게 심는다. 아울러 생육 후기에는 비닐을 걷거나 흙으로 덮어 지온상승을 막고 제때 수확한다.

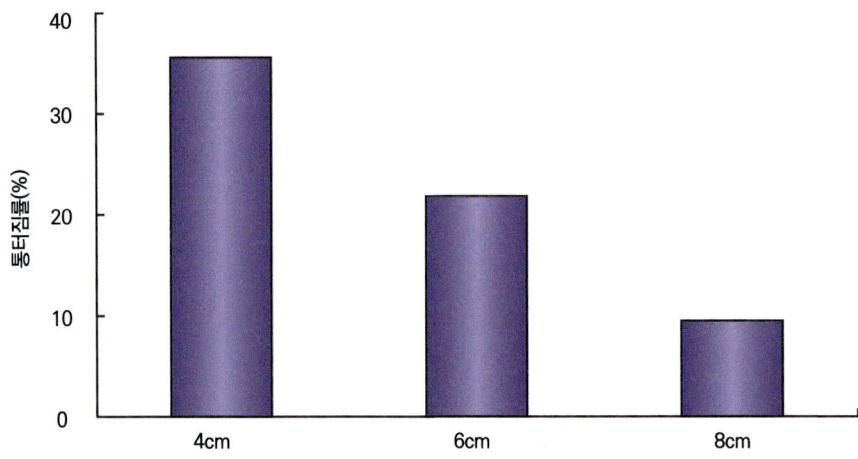

〈그림 68〉 마늘 심는 깊이와 통터짐마늘 발생률

라 중심구(통마늘)

지나친 저온이나 고온에 의해 마늘쪽이 분화하지 못하고 화서(꽃차례)나 보통엽으로 분화될 내부 생장점이 한 개의 인편으로 비대 발육한 경우이다. 주아재배, 봄 파종, 종구가 2g 이하로 지나치게 작을 때, 저온처리 기간이 짧고 약할 때 주로 발생한다.

마 마늘의 염류장해

마늘의 염류장해는 엽신이 구부러진 채 얇은 피막으로 싸여서 전개가 되지 못하고 엽초의 내부는 쭈글쭈글한 증상의 기현상으로 나타난다. 이 증상은 1978년 한발이 심할 때 충남 서산 농가포장에서 나타나 토양과 식물체를 분석한 결과 염류장해로 밝혀졌다. 염류장해를 받은 토양은 받지 않은 토양에 비하여 pH와 수분함량 차이는 없으나 염류농도(EC)가 1.01ds/m로 높았고, 무기성분 함량도 건전주에 비하여 부위별로 보면 엽신보다 엽초에서 높았다. 따라서 장해를 받은 마늘은 엽초에서 엽신으로 양분의 이동이 안 된 채 축적되고 있음을 보여주고 있다. 일반적으로 장해가 나타나기 쉬운 작물은 양파, 상추, 딸기 등이며, 양파의 경우 염류농도가 0.5ds/m 이상일 때 장해가 나타났다. 염류의 집적은 비료를 다량 사용했을 때 토양수가 아래에서 위로 이동하여 하층의 Ca, Mg 등이 경토에 집적되고 초산이 Ca, Mg 및 K와 결합하여 $CaNO_3$ 또는 KNO_3 형태로 되어 장해를 발생시킨다는 보고 등이 있다. 염류장해의 방지책으로는 심경, 유기물 시용, 또는 피복방법 등에 의하여 장해를 경감할 수 있으나 기본적으로는 비료를 1회에 다량 사용하지 말고 가급적 분시해야 한다. 표면에 집적한 염류를 제거하기 위해서는 볏짚을 피복하거나 충분한 관수로 염류가 유실되도록 하는 것이 좋을 것이다.

바 스펀지 마늘(일명 : 멍청이, 야구방망이)

〈그림 69〉 스펀지 마늘

1994년 마늘 값 상승으로 중국에서 식용으로 1995년에 구입한 마늘을 전남 무안 등에서 파종한 마늘 중 1,400ha 정도에서 인편이 (그림 69)와 같이 형성이 되지 않았는데 이 마늘을 스펀지(야구방망이) 마늘이라 칭하였다. 스펀지 마늘은 상위 5~6엽이 아주 밀생해 있고, 주아(종대)의 생성과 출현이 안 될 뿐만 아니라 주대가 막혀 있으며, 인편분화와 결구가 되지 않는다. 발생 원인은 겨울 이상난동과 종구 자체의 생리적인 요인 등이 복합적으로 상호작용하여 발생되는 것으로 추정하고 있으나 정확한 원인은 알려지지 않고 있다. 이러한 마늘은 구가 형성되지 않아 일부 보통 마늘 인편 2개 크기의 구가 생기는 것도 있으나 질감이 양파와 비슷하고 약간 쓴맛이 나기 때문에 상품성이 전혀 없으므로 발견 즉시 뽑아 없애야 한다.

마늘 농작업 유해요인 개선방안

■ 위험요인 : 수확, 마늘종제거(허리, 팔, 다리/무릎)

작업단계	로터리 작업	종구 소독/파종	웃거름 주기	마늘종제거, 수확	수확, 운반, 선별
작업시기	9월	9~10월	2~4월	5~6월	7~8월
주요 유해요인	작업자세, 진동, 소음	작업자세	작업자세	작업자세, 진동, 소음	작업자세, 중량물

	작업구분	문제점	주요 개선 방안
인간공학적 요인	파종, 마늘종제거, 수확 (작업자세)	■ 쪼그려 앉아 종구를 심으면서 앞으로 전진해 가는 과정(오리 걸음 자세)으로 무릎과 허리에 상당히 무리를 주는 작업 ■ 허리를 숙이고 팔을 앞으로 뻗은 자세에서 좌우 양쪽으로 방향을 돌리며 전진	■ 체형에 맞는 농작업용 보조의자 활용 ■ 무릎, 허리 보호대 등 보호구 활용 ■ 마늘 파종기, 수확기 등 장비 활용 ■ 근골격계 질환 예방 체조 실시 ■ 규칙적인 휴식 갖기(1시간 작업 후 10분 휴식)
	병해충 방제 (농약)	■ 병해충 방제 시 농약줄을 잡아 당길 때 어깨 부담	■ 농약 자동호스 방제 릴 활용
화학적 요인	병해충 방제 (농약)	■ 급성 중독 위험 ■ 피부 노출 문제	■ 병해충 방제 횟수 최소화 ■ 농약 방제복 등 안전 보호구 착용 ■ 농약 중독 예방 교육 ■ 바람을 등지고 후진하면서 방제 작업 ■ 농약 살포 전 건강상태 체크 (피로, 상처 등) ■ 농약 보관함, 농약 빈 병 수거함 설치
	수확, 비닐제거 (분진)	■ 수확 시(트랙터 작업), 비닐제거 시 건조한 시기여서 흙먼지가 많이 날림	■ 분진 마스크, 안전 보호구 착용
물리적 요인	수확 (진동)	■ 트랙터로 땅을 가는 작업 등으로 인한 진동 노출	■ 푹신한 방석, 방진장갑 등 안전보호구 착용

-출처 : 농촌진흥청, 「농작업 유해요인 개선 방안」, 2013.

마늘재배

1판 1쇄 인쇄 2024년 06월 05일
1판 1쇄 발행 2024년 06월 10일
저   자 국립원예특작과학원
발 행 인 이범만
발 행 처 **21세기사** (제406-2004-00015호)
　　　　　경기도 파주시 산남로 72-16 (10882)
　　　　　Tel. 031-942-7861　　Fax. 031-942-7864
　　　　　E-mail : 21cbook@naver.com
　　　　　Home-page : www.21cbook.co.kr
　　　　　ISBN 979-11-6833-156-3

정가 20,000원

이 책의 일부 혹은 전체 내용을 무단 복사, 복제, 전재하는 것은 저작권법에 저촉됩니다.
저작권법 제136조(권리의침해죄)1항에 따라 침해한 자는 5년 이하의 징역 또는 5천만 원 이하의
벌금에 처하거나 이를 병과(倂科)할 수 있습니다. 파본이나 잘못된 책은 교환해 드립니다.